独創的ロボットの研究開発

— 夢のあるロボットと役に立つロボット —

山藤 和男・田中 孝之

共　著

東　京
株式会社
養賢堂発行

まえがき

　研究は人間の知的活動の一つで，それは創造的であること，他人の模倣や追従ではないことが最低の必要条件である．新しい分野を拓き，レベルの高い価値の創造を行って世界の研究者をリードするとともに人類に寄与する成果を得ることは研究者の夢というよりも当然の目標である．

　わが国では他人とは違った研究をすると，「だれもやらない研究」＝「つまらない研究」と烙印を押されるので，「だれもが重要という研究」に先を争って集中する傾向がある．

　1978年に，緒論で紹介したスカラロボット研究会が産学共同でスタートした当時は，組立て用ロボットが実用になるのは10年も先のことだと思われていた．弱小連合で何ができるという冷笑が企業人からも感じられたが，大成功して米国のIBMがスカラロボットを導入すると，国内外で多くの追従者が出た．

　1980年代初めの産業用ロボットブームでもスカラ以上のロボット技術は生まれなかったが，1990年代を通じてスカラロボットの世界的普及と非生産分野への進出が特筆される．

　日本では他人がやろうとしない研究をすれば，必ず"それは何の役に立つのか"などという非難を浴びるのがつねである．著者は"これは，世界でまだだれもやっていない独創的研究である．今やらなければ欧米人に先を越されてしまう"，"他人の非難を気にしていては，世界のトップに立てない"といって背水の陣を布いてきた．

　そして，"研究は知的格闘技である．独創は模倣を拒否することから生まれる．他人の後追いや二流，三流の研究を拒否しよう"と学生と自分自身を叱咤激励してきた．研究者にとって必要なことは，研究と生き方に関して断固とした哲学あるいは信念をもつことだと思う．

　本書は1985年から1999年まで15年間，電気通信大学で行った研究を中心として「機械の研究」誌（養賢堂発行）に26回連載した中から，特徴的なロボットを取り上げて研究の背景や目的，戦略，成果などを述べたものである．

研究をどのような展望をもって始め，どのように展開し，どこで見切りをつけるか，どのように失敗を乗り越えて大きな成功に結びつけるか，研究現場の体験を事実に即して述べた．

　研究で最も重要なことは，何のために研究するかということである．それが成功するかどうかは，研究テーマの選択にかかっている．スカラロボットを乗り越えるためにあえて非産業用ロボット，それも人間の身近で人間と共存して人間の役に立つロボットの開発をめざした．これから生まれたロボットは，平行二輪車，猫ひねりロボット，一輪車，雲梯渡りロボット，一本足ロボットなど30種類以上になる．

　2001年末，米国人の大発明という平行二輪車「Segway」が発表されたとき，"米国人らしい発明だ．日本人には発明の能力はないのか"とネットサイトに書かれたことがあった．著者は「Segway」の基本技術が，1986・1987年度の卒業研究として行った平行二輪車に基づくことを明らかにし，これまで「夢のある研究」として行ってきたものが無意味ではないことを知った．

　わが国が，世界規模の先端技術開発競争を勝ち抜いて，今世紀に独創技術大国となるために大切なことは，世界に通用する人材育成，新技術商品開発および科学技術における独創的研究開発の風土を醸成することである．

　本書が，独創的研究開発とは何か，そのための戦略をどのように構築するかを考える若手研究者，学生にとって有益であることを願って執筆した．

　最後に，電気通信大学　機械力学，知能機械，知能ロボット研究室でともに研究開発に携わった学生と研究者の皆様に心から感謝します．

　多くの企業や友人に共同研究や研究協力などで多大なご支援をいただきましたことに深く謝意を表します．

　出版に当たって，編集を担当され，数多くの有益なご助言をいただいた　養賢堂「機械の研究」編集部 三浦信幸氏，ならびに編集実務を担当していただいた花嶋利佳さんに厚くお礼申し上げます．

2002年6月
山 藤 和 男

目　次

緒論　独創的ロボットの研究戦略

1. 研究の哲学と目的 …………………………………………………………………… 1
2. 粉体工学，流体工学からロボット工学の研究へ ………………………………… 2
3. スカラロボットの研究開発 ………………………………………………………… 4
4. ノンホロノミックロボットの研究開発 …………………………………………… 7
5. 人間支援用ロボットの研究開発 …………………………………………………… 8
6. まとめ ………………………………………………………………………………… 11

第1章　平行二輪車ロボット

1.1　平行二輪車の研究概要 …………………………………………………………… 12
1.2　平行二輪車の機構と制御 ………………………………………………………… 13
1.3　直立姿勢と走行制御の実験結果 ………………………………………………… 15
　1.3.1　直立姿勢制御 ………………………………………………………………… 15
　1.3.2　走行制御 ……………………………………………………………………… 17
　1.3.3　車輪制御型平行二輪車の研究の発展 ……………………………………… 18
1.4　二腕付き平行二輪車 ……………………………………………………………… 19
　1.4.1　アームによる姿勢安定化の原理 …………………………………………… 19
　1.4.2　合成重心フィードバック（FB）制御法と実験結果 ……………………… 22
　1.4.3　一般化合成重心FB制御法 ………………………………………………… 23
　1.4.4　傾斜面上走行 ………………………………………………………………… 24
　1.4.5　慣性力補償による高速走行 ………………………………………………… 25
1.5　平行二輪車の可変構造化，作業用ロボットへの応用 ………………………… 27
　1.5.1　アーム・脚，脚・脚モデルの運動制御 …………………………………… 27
　　(1)　アーム・脚モデル …………………………………………………………… 28
　　(2)　脚・脚モデル ………………………………………………………………… 29
　1.5.2　平行二輪車を主体とした作業用ロボット ………………………………… 30
　　(1)　平行二輪車における起立と横転 …………………………………………… 30
　　(2)　作業腕付き平行二輪車による作業 ………………………………………… 31
　　(3)　腕を用いた階段昇降と走行 ………………………………………………… 32

[4] 目　次

1.6　平行二輪車を主体とした可変構造型ロボットの研究動向 …………………32
1.7　まとめ ……………………………………………………………………………32

第2章　一輪車ロボット

2.1　1990年までの一輪車に関する研究 ……………………………………………34
2.2　人間が乗るタイプの一輪車（1）：非自立型 …………………………………37
　　2.2.1　人間の一輪車乗りの観察とモデリング ………………………………37
　　2.2.2　非自立型一輪車の設計 …………………………………………………39
　　2.2.3　一輪車の制御アルゴリズム ……………………………………………41
　　2.2.4　制御実験結果 ……………………………………………………………41
2.3　人間が乗るタイプの一輪車（2）：自立型 ……………………………………45
　　2.3.1　自立型一輪車の開発 ……………………………………………………46
　　　　（1）一輪車の機構と駆動装置 ……………………………………………46
　　　　（2）制御用コンピュータとソフトウェア ………………………………47
　　　　（3）センサと赤外線リモコン装置 ………………………………………48
　　　　（4）電源部とDC-DCコンバータ …………………………………………48
　　2.3.2　制御系設計，シミュレーションと実験 ………………………………48
　　　　（1）ファジィ・ゲインスケジュールPD制御 ……………………………48
　　　　（2）シミュレーション結果 ………………………………………………50
　　　　（3）制御実験結果 …………………………………………………………51
2.4　エントロピーに基づいた制御性評価法 ………………………………………51
2.5　球状一輪車ロボット ……………………………………………………………53
2.6　まとめ ……………………………………………………………………………55

第3章　動作がユニークな面白ロボット

3.1　面白ロボットのアイデア発想法 ………………………………………………56
　　3.1.1　一本足移動ロボットのアイデア ………………………………………56
　　3.1.2　Raibertの「Hopping Machine」 ………………………………………57
3.2　一本足ロボット …………………………………………………………………58
　　3.2.1　一本足ロボットのコンセプト …………………………………………58
　　3.2.2　機構，動作およびセンサ ………………………………………………59

3.2.3　一本足ロボットの歩行（移動）と運動制御 ……………………………61
　　（1）足踏み動作の制御則 ………………………………………………………61
　　（2）直立姿勢安定化制御 ………………………………………………………62
　　（3）一本足ロボットの歩行（移動）実験結果 ………………………………63
　　（4）ロータの作用，本体のひねりと移動方向制御 …………………………63
3.3　樽乗りロボット …………………………………………………………………63
　3.3.1　樽乗りロボットのメカニズムと設計 ……………………………………64
　　（1）樽乗りロボットのメカニズム ……………………………………………64
　　（2）センサ ………………………………………………………………………65
　　（3）動作の説明 …………………………………………………………………65
　3.3.2　制御則と実験結果 …………………………………………………………65
　　（1）姿勢安定のための制御 ……………………………………………………65
　　（2）腕を用いた制御，腕と本体を用いた制御 ………………………………66
3.4　床運動ロボット …………………………………………………………………66
　3.4.1　床運動のアイデアと干渉を利用した動作 ………………………………67
　3.4.2　床運動ロボットのユニークな運動 ………………………………………68
　　（1）強制振動のシミュレーションと実験 ……………………………………70
　　（2）ぜん動運動と段差登り ……………………………………………………71
3.5　跳躍移動ロボット ………………………………………………………………72
3.6　まとめ ……………………………………………………………………………74

第4章　雲梯渡りロボット

4.1　非駆動関節をもつメカニズム …………………………………………………75
4.2　ブランコ（二重振子）の振動 …………………………………………………76
　4.2.1　ブランコにおける励振現象 ………………………………………………76
　4.2.2　実験装置と方法 ……………………………………………………………76
　4.2.3　運動方程式とシミュレーション …………………………………………77
　4.2.4　実験とシミュレーション結果の比較 ……………………………………77
4.3　雲梯渡りロボットの開発と運動シミュレーション …………………………79
　4.3.1　空中移動ロボットの構成と移動 …………………………………………81
　4.3.2　励振シミュレーション ……………………………………………………81

4.3.3　位置制御による雲梯渡り動作シミュレーション………………………82
　4.3.4　トルク制御による雲梯渡り動作シミュレーション………………………84
4.4　空中移動ロボットの雲梯渡り実験……………………………………………85
　4.4.1　位置制御による雲梯渡り…………………………………………………85
　4.4.2　トルク制御による雲梯渡り………………………………………………86
4.5　ブラキエーションを利用した移動ロボットの研究…………………………87
4.6　折りたたみロボット……………………………………………………………88
4.7　まとめ……………………………………………………………………………89

第5章　猫ひねりロボット

5.1　猫ひねり動作……………………………………………………………………90
5.2　猫ひねり動作の解析……………………………………………………………91
5.3　猫ひねりロボットの開発と制御法……………………………………………93
　5.3.1　猫ロボットの開発…………………………………………………………93
　　（1）脊椎動物型背骨関節とゴム人工筋アクチュエータ……………………94
　　（2）背骨の曲げ角の制御………………………………………………………94
　　（3）尻振り動作の制御…………………………………………………………95
　5.3.2　空気圧回路とゴム人工筋の周波数応答…………………………………96
　5.3.3　懸垂状態での猫ひねり実験………………………………………………97
　5.3.4　自由落下時の猫ひねり実験………………………………………………98
　　（1）落下実験と制御方法………………………………………………………98
　　（2）実験と解析結果……………………………………………………………99
5.4　猫ロボットとその後の猫ひねり研究…………………………………………101
5.5　猫ロボットの空中浮上と軟着地………………………………………………103
　　（1）　空中浮上と軟着地のための機器………………………………………103
　　（2）センサと制御………………………………………………………………104
　　（3）コンピュータシミュレーション…………………………………………104
　　（4）実験結果……………………………………………………………………105
5.6　三次元猫ひねりロボット………………………………………………………105
　5.6.1　一軸猫ひねりモデルと二軸猫ひねりモデル……………………………105
　5.6.2　二軸猫ひねりモデルによる三次元姿勢変換と猫ひねり率……………106

5.6.3　二軸猫ひねりモデルのシミュレーション························107
　　5.6.4　二軸猫ひねりロボットの開発と制御実験························107
5.7　空中に投げられたロボットの軟着地····································108
　　5.7.1　多関節二本足ロボットの開発····································108
　　5.7.2　姿勢と圧力検出用センサ··109
　　5.7.3　ロボットの姿勢検出··109
　　5.7.4　実際の制御動作··110
　　5.7.5　実験方法··111
　　5.7.6　懸垂および自由落下実験··111
5.8　まとめ··112

第6章　なわとびロボット

6.1　なぜなわとびロボットを研究するのか··································113
6.2　なわとびロボットのコンセプトと実機··································114
　　6.2.1　なわとび動作とロボットのコンセプト····························114
　　6.2.2　ロボットの機構と動作··114
6.3　1回だけのなわとび動作（単独なわとび）······························116
　　（1）シミュレーション··116
　　（2）ロボットの着地時の姿勢安定······································116
　　（3）なわを付けず腕を回転しない状態での連続跳躍······················116
　　（4）腕になわを付けないで回転させた連続跳躍··························117
　　（5）なわとび実験結果··118
6.4　脚に衝撃トルクが加わる場合の制御法··································118
　　6.4.1　脚に衝撃トルクが加わった場合のシミュレーション················118
　　6.4.2　脚に衝撃トルクが加わった場合のシミュレーション結果············119
6.5　連続跳躍動作のための姿勢制御··121
　　6.5.1　連続跳躍動作における姿勢制御の考え方··························121
　　6.5.2　連続跳躍における直立姿勢安定のための制御則····················121
　　6.5.3　連続跳躍の実験結果および考察··································122
6.6　なわとび動作の観察，モデル化とシミュレーション······················123
　　6.6.1　モデル化，シミュレーションと回転軌道··························125

6.6.2　なわを付けた腕の回転軌道の設計 ………………………………… 126
　6.6.3　なわを付けた腕の回転実験 ……………………………………………… 127
6.7　連続跳躍時の姿勢安定と連続なわとび ………………………………………… 128
　6.7.1　直立姿勢安定化のための制御則 ………………………………………… 128
　6.7.2　跳躍開始時間補償 ………………………………………………………… 128
　6.7.3　連続なわとび実験の結果 ………………………………………………… 128
6.8　まとめ ………………………………………………………………………………… 130

第7章　物まねロボットと画像認識

7.1　ロボットの視覚による動作と環境認識 ………………………………………… 131
7.2　物まねロボット：実演によるロボットへの動作教示 …………………………… 131
　7.2.1　ロボットへの動作教示法 ………………………………………………… 132
　7.2.2　物まねロボットシステムと動作例 ……………………………………… 133
　7.2.3　接触状態判別と障害物回避行動 ………………………………………… 135
　7.2.4　人間の動作に基づいた物体の構成法の学習 …………………………… 136
　　（1）物体構成の解析 …………………………………………………………… 136
　　（2）部品の自動分解と自動組立て動作 ……………………………………… 136
　　（3）展開された正六面体の組立て …………………………………………… 136
　　（4）実演による作業教示 ……………………………………………………… 137
7.3　ジェスチャーによる人間とロボットのコミュニケーション ………………… 138
7.4　視覚センサを用いた自己位置認識システム …………………………………… 139
　7.4.1　自己位置認識 ……………………………………………………………… 139
　　（1）内界センサによる自己位置認識 ………………………………………… 140
　　（2）視覚センサによる絶対位置認識 ………………………………………… 140
　7.4.2　局所的自己位置認識（LSP） ……………………………………………… 140
　　（1）ランドマーク抽出のための画像処理 …………………………………… 141
　　（2）LSPによる自己位置計測法 ……………………………………………… 141
　　（3）実験結果 …………………………………………………………………… 142
　7.4.3　大域的自己位置認識（GSP） ……………………………………………… 143
　　（1）部屋番号認識によるGSPと画像処理 …………………………………… 143
　　（2）実験結果 …………………………………………………………………… 143

7.5　生物的実時間画像抽出 ································· 144
　7.5.1　ハエの行動に倣った新画像処理法のコンセプト ········ 144
　　(1)　1匹のハエに相当するVFの行動規範 ················· 145
　　(2)　対象物抽出法 ···································· 146
　7.5.2　VFによる画像抽出実験結果 ······················· 148
　　(1)　対象物抽出実験 ·································· 148
　　(2)　実環境における対象物抽出 ························ 149
7.6　ロボットを用いた非接触三次元計測 ····················· 149
　7.6.1　測定システム ···································· 150
　7.6.2　測定法と画像データの処理 ························ 151
　7.6.3　レーザセンサによる物体の計測 ···················· 151
　7.6.4　物体の非接触測定結果 ···························· 151
7.7　まとめ ··· 152

第8章　無人生産支援用知能ロボットシステム

8.1　知能ロボットの研究成果を無人生産システムへ ·········· 153
8.2　メカトロニクス技術（MT）の重要性 ··················· 153
8.3　日本における自動組立て技術の発展と課題 ··············· 155
8.4　ホンダヒューマノイドと無人生産支援用ロボット ········· 157
8.5　自動組立ての問題点とチョコ停ゼロへの挑戦 ············· 158
8.6　知能ロボットによる無人生産システムの提案 ············· 160
　8.6.1　無人生産システムの提案とコンセプト ·············· 160
　8.6.2　知能ロボットによる無人生産支援 ·················· 161
　　(1)　無人生産支援用ロボットの意義 ···················· 161
　　(2)　オンラインロボットとオフラインロボット ·········· 162
　　(3)　オフラインロボットで想定したトラブル ············ 162
8.7　部品供給システムにおける故障と復帰 ··················· 163
8.8　オフラインロボットと周辺機器の開発 ··················· 164
　8.8.1　オフラインロボットの概要 ························ 164
　8.8.2　トラブルシミュレータとパイロットプラント ········ 165
8.9　オフラインロボットの最適負荷 ························ 166

8.10　トラブル診断復帰とパイロットプラントにおける実験 …………… 169
8.11　まとめ ……………………………………………………………… 170

第9章　介護ロボット

9.1　高齢社会への対応 …………………………………………………… 171
9.2　パワーアシスト装置と介護ロボット ……………………………… 172
9.3　一腕増力装置 ………………………………………………………… 174
9.4　人間装着型ヒューマンアシスト装置（HARO） …………………… 177
　9.4.1　ヒューマンアシストのコンセプト ……………………………… 177
　9.4.2　ハードウェア開発のコンセプト ………………………………… 178
9.5　HAROのシステム設計と開発 ……………………………………… 179
　9.5.1　HARO本体の開発 ……………………………………………… 179
　9.5.2　ヒューマンフォースセンサの開発 ……………………………… 180
9.6　HAROの実験結果 …………………………………………………… 181
　9.6.1　ヒューマンフォースセンサの特性 ……………………………… 181
　9.6.2　腕の動作と位置制御 ……………………………………………… 182
　9.6.3　介護動作実験 ……………………………………………………… 182
9.7　HARのシステム設計と開発 ………………………………………… 183
　（1）HARの機構と動作 ………………………………………………… 184
　（2）タイプAとタイプB ……………………………………………… 185
　（3）下半身部の制御 …………………………………………………… 186
　（4）タイプBのアシスト制御 ………………………………………… 187
9.8　まとめ ………………………………………………………………… 187

参考文献 …………………………………………………………………… 189
索　　引 …………………………………………………………………… 199

緒論　独創的ロボットの研究戦略

1. 研究の哲学と目的

　大学や公的研究機関にいる人は，だれもが最先端の研究をやっていると思っており，古めかしい研究をやっているという人はいない．しかし，最先端とは無縁の成果しか上げられない人も少なくはないと思われる．さらに，自分が初めて開拓した最先端の研究で世界をリードする成果を上げているといえる人は少ない．

　研究分野も対象も違う他人の研究について詮索することは差し控えたいが，それでも一つだけ聞きたいことがある．それは，どのような哲学をもって研究を行い，テーマを設定しているかということである．自分の体験からいえることは，**研究とは研究者の生き方，考え方そのものであり，研究の哲学または思想が確立されていなければ，研究で世界をリードすることはおろか，研究者としてのidentityも保てないということである．研究者にとって，何を研究するかということよりも，何のためにどんな目的で研究するかということが重要だと思う．**

　毎年秋にノーベル賞授与のニュースを聞くと，なぜ日本では現職の大学教授や研究者には受賞者がでないのか不思議であったが，2001年に初めて野依良治 名古屋大学教授が受賞した．血眼になって独創的な研究をやらなくても，ポストを追われる心配がない「親方日の丸」的システムが問題だという人もある．**研究者として公知の研究や欧米や学会などで話題になっているテーマばかりを何が楽しくてやろうとするのか，**まだだれもやっていない手ごわい問題や生きているうちに結果がでるかどうかわからないものに立ち向かおうとしないのか不思議である．

　1995年11月に制定された「科学技術基本法」に基づいて，政府は科学技術の振興に関する基本的な計画をまとめ，1996年7月に「科学技術基本計画」を閣議決定した．基本計画策定の目的は，わが国がみずから率先して未踏の科学技術分野に挑戦していくことが必要であり，そのために新たな視点に立って，変革をめざした科学技術政策を総合的・計画的かつ積極的に推進するため，今

後10年程度を見通した科学技術政策を具体化することである．そして，最初の5年間に17兆円を予算化し，2001年度からの5年間に24兆円を投じることになった．

近年，地方や農業などを対象とした公共事業の投資効果が論議の的となる一方，科学技術基本法，大学などの研究成果の民間への技術移転法（TLO法），産業競争力強化法などの効果により科学技術振興予算が文部科学省，経済産業省を中心として大幅に伸びているが，**"みずから率先して未踏の科学技術分野に挑戦していく"ことが不得手な研究者が大部分の日本の現状**では，新たなハコものを作るだけに終わってしまわないかと空恐ろしい気がする．

幸いロボットに関しては，知能ロボット（ヒューマノイドを含む）や人間支援システムなど，将来どこまで伸びるかわからない分野がある．ここでも本当に独創的な仕事をやっているといえる人は少なく，優れた人材，恵まれた研究費と環境を擁しながら，未踏の研究分野に踏み込んで世界に誇るだけの成果を上げている人は多くはない．

独創的なロボットのアイデアの発想と世界をリードする研究開発への取組みのためには，何が必要でどうすればよいか，ロボット・メカトロニクスに関する研究開発の体験から述べたい．

2．粉体工学，流体工学からロボット工学の研究へ

著者の一人（山藤）の研究歴は，1964年11月からある大学の工学部化学工学科で粉体工学の研究に携わったことに始まる[1]．1973年に大学院博士課程を修了するまでの6年間は，1892年にMortierが発見した貫流羽根車の流れ，特に内部に発生する渦の生成と安定に関する研究を行い，永年の課題を解決したと思う[2]．

1973年，山梨大学工学部（精密工学科制御工学講座）の講師となって研究分野を油空圧工学に変え，さらに生産自動化工学，産業用ロボット，画像処理などに広げた．流体工学から制御工学への研究分野の変更は担当する講義科目の変更も意味し，大学院の講義などは大変であったが，研究テーマについてはそれほどプレッシャを感じなかった．

それは，ガロアやガウスらが20歳前後に数学の分野で歴史に残る業績を上

げ，専門の数学教育を受けたことのない粉屋のグリーンや南インドの魔術師と呼ばれるラマヌジャンなども数学史上の巨人となったことを思えば，**研究で独創的な成果を上げるために必要なものは，知識や経験の量ではなく，まだだれも気が付かないが，価値あるものを探し出す嗅覚とか想像力，問題の本質にどこまでも食いつく執拗さではないか**と考えたからである．

1974年，同僚の牧野 洋 教授の勧誘を受けて（社）精機学会・自動組立専門委員会の会員となり，組立て作業の自動化も勉強することになった．1978年4月から1981年3月までの3年間，山梨大学で牧野教授の提案で始めたスカラロボット研究会で3社（後に13社）と組立て作業の自動化に適したロボットの共同研究を行い，独創的な研究・開発とは何かをつぶさに体験した．

1984年4月，電気通信大学にきて研究対象を思い切って産業用ロボットから非産業用ロボットへと変えた．理由は，世界的に有名になったスカラロボットでは，山梨大の亜流と思われかねないし，生産自動化の切り札として認められるようになった産業用ロボットは，人材も研究費もある企業に任せればよく，**企業のやらない"夢のある研究"をやろうと考えたからである．**

それは，新しい分野で自分がどれだけ独創的な研究がやれるか，挑戦したいと考えたからでもある．

アイデアだけで勝負でき，世界でだれもやったことのないロボット，場所もとらず費用もかからない非産業用ロボットとして，**"不安定な姿勢をもつロボット"を考えた．**かつて流体力学的安定論をかじった目でロボットの姿勢などの安定問題を見ると，研究テーマはいくらでもあり，電気通信大学にくるときに，猫ひねり，一輪車，ほうき立て，皿回し，竹馬，樽乗り，綱渡り，ブランコ，跳躍移動など，12の研究テーマをノートに書きつけてきた．

後に，これらのほとんどはノンホロノミックと呼ばれる拘束条件をもつ力学系に属するものであることを知って驚いた．当時は，この種のロボットの動作は解析や制御が困難で，実機を作って動かそうと考える人はないだろうが，研究としては面白く，うまくいけば世界初の成功を勝ち取ることも夢ではないと考えた．

ノンホロノミックシステムの研究は，1993年に中村[3]により初めて日本に紹介されて以来，研究者の間で一種のブームが起きている[4]．

以前からやっていた生産自動化や画像認識などの**"産業の役に立つ研究"も絶えず産業のニーズを先取りして技術のシーズを提案する**という立場から研究を続けてきた．

3．スカラロボットの研究開発

スカラロボット開発のきっかけは，1977年10月に東京で開催された第7回産業用ロボット国際シンポジウムにおけるイタリアのオリベッティ社のd'Auriaによる SIGMA ロボットの発表[5]である．

これは直交座標型のロボットで，パルスモータ駆動の2腕マニピュレータを使ってタイプライタのキーを組み立てる作業を軽快にこなして喝采を浴びた．SIGMAロボットは，すでに2年前，シカゴの第5回シンポジウムで発表[6]されていたが，われわれはうかつにもそれを知らなかった．

当時，わが国で機械的生産の自動化に取り組んできた人達は精機学会の自動組立専門委員会メンバーを初めとして，組立て工程のロボット化のニーズは十分認識しているにもかかわらず，満足できる組立て用ロボットが開発されるのはずっと先のことだろうと考えていた．SIGMAロボットのすばやい動作の映像を目のあたりにして，だれもが衝撃を受けた．

同年12月末，牧野教授の部屋に行くと，「われわれも組立て用ロボットをやろう，こんなものはどうだろう」とスカラロボットの基本アイデアを書いた図面を示された．そこには水平2リンクアームと垂直軸（Z軸）をもつ屏風型構造の3軸ロボットが描かれていた．スカラロボットとは，Selective Compliance Assembly Robot Arm (SCARA)，すなわち**選択的柔軟性をもった組立て用ロボットの腕である**．選択的柔軟性とは，水平（横）方向にはコンプライアンス（柔軟さ）が大きく柔軟で変形しやすく，垂直（上下）方向にはコンプライアンスが小さく，剛性が高いので変形しにくいことを意味する．

この特徴によって，ねじ締めや穴に軸を挿入する際などには，横方向に多少ずれがあっても垂直軸を押し付ければ，ずれを吸収して自動的に組立てができる．さらに，平行四辺形リンクと同等のZ軸回転機構とソフトウェア速度曲線による各サーボモータの駆動法などがスカラロボットの特徴として上げられる[7]．

3. スカラロボットの研究開発

年が明けてすぐ図面化が始まった．構想図を元に自動組立専門委員会の法人会員を中心に10数社にスカラロボット研究会をマルチクライアント（multi-clients）方式で作って企業と共同研究することを提案したところ，富士通，テルメックおよび超音波工業の3社が応じた．

スカラロボット研究会は，これら3社と山梨大学（牧野教授と山藤助教授）で1978年4月から1981年3月までの3年間の予定で発足した．研究会規約により事務局は山梨大学に置かれ，法人会員は一定額の研究費を大学に寄付するものとし，原則として毎月1回，研究会を開催することとした．2カ月後には三協精機製作所が会員となり，さらに日東精工，日本電気，ぺんてる，ヤマハ発動機，ハイテック精工，シーケーディ，天竜精機，パイオニア，ナイスの各社が参加して13社となった．

スカラロボット1号機は富士通が製作し，1978年7月に同社の工場で研究会を開いて検討・評価を行った．同社ではロボットのイナーシャの評価と有限要素法による構造解析も行い，静的剛性と動的コンプライアンスについて報告した．開発された1号機は細かな点で手直しの必要はあったが，速度，位置決め・繰返し精度が期待どおりで，停止時の残留振動も小さく，会員は一様に息をのんで見守った．

2号機の設計のため，日東精工から技術者が山梨大学に出張してきて図面を仕上げ，翌年，同社で製作された．これは，ほとんどすべての仕様について期待どおりの性能をもち，後に各社から発表されたスカラロボットの原型となった．2号機の優れたサーボ性能とこのロボットによる箱詰め，乗用車の計器パネルなどの組立て動作を見た会員各社では開発競争が始まり，1979年秋には一気に販売競争に突入した．

図1にスカラロボット2号機，図2にサーボモータの駆

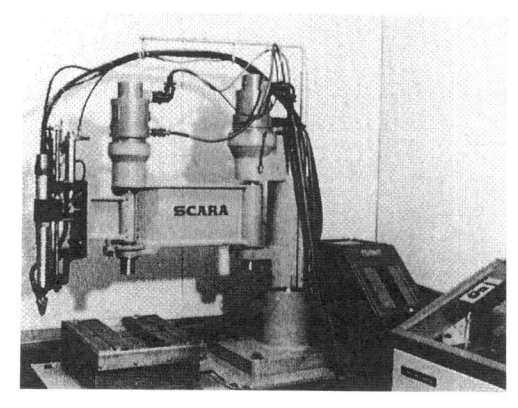

図1　スカラロボット2号機

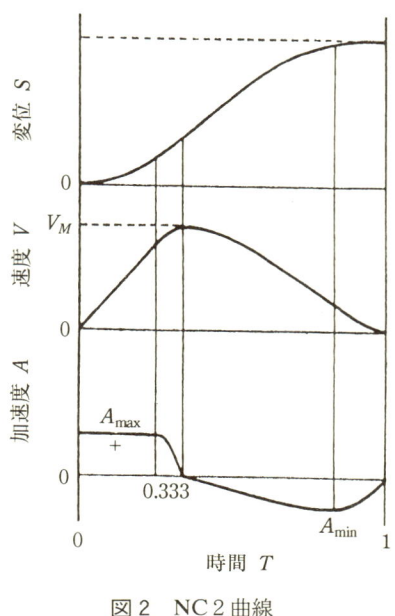

図2 NC2曲線

動に使われたNC2曲線[8]を示す．NC2曲線は，牧野教授のカム曲線に関する研究から生まれたもので，速度曲線をソフトウェア化してロボットの各軸アクチエータを駆動する．その後，NC2曲線の有効性が広く認識され，日本の産業用ロボットの高速化，残留振動防止，運動性能改善などに大きく貢献した．これが発表されるまでは台形速度曲線や電子回路で発生させた加減速曲線などが用いられていた．

1980年から81年にかけて会員各社のスカラロボットが次々に市場に登場し，マスコミにも大きく取り上げられた[9]．研究会は予定どおり1981年3月に終了したが，その後も特許などに関するメンバーの情報交換の場として数年間続いた．1982年2月，米国のIBMは三協精機製作所が開発したスカラロボットであるSankyo Skilamを同社からOEM（相手先ブランド）供給を受けてIBM 7535として発売することを発表した．これで，スカラロボットが初めて国際的に認知され，次の新たな飛躍を迎える契機となった．

以後，国内外での正統モデル，模倣モデルの開発と発売が爆発的に進行し，特許権問題も浮上した．欧米諸国ばかりか，台湾の（財）工業技術研究院機械工業研究所でも1982年ITRI-E型というスカラ型ロボットを発表した[10]．

図3に，スカラロボットのニーズから開発普及に至る流れを示す．英国のロボット専門誌の特派員は，"IBMが「Sankyo Skilam」をOEMで供給を受けて米国で販売する"ことに驚き，"これは，山梨大学の牧野 洋教授によって開発されたスカラロボットグループの一つであり……**これまでの日本の大部分のロボットは外国のデザインによっていたが，唯一の例外は，もちろんこのスカラだけである**"と述べている[11]．

スカラロボットの開発により，科学技術庁長官賞，世界初の産業用ロボット

である「Unimate」の開発者 Joseph Engelberger を記念したエンゲルベルガー賞，スウェーデン Asea 社のアセア賞，精機学会賞などが授与された．

1997年，日本機械学会は創立100周年を迎えるに当たって，各産業分野で特筆される技術開発に関する年表を作った．ロボット・メカトロニクス関係では日本はわずかに，"1978年 山梨大学 牧野 洋教授がスカラロボットを発表"とあるだけである．スカラロボットは，1980年代後半以降に開発されたロボットのタイプでは50％以上を占め，数量では，現在世界中で稼働している産業用ロボット76万台のうち，すでに35％を越えたと推定される．

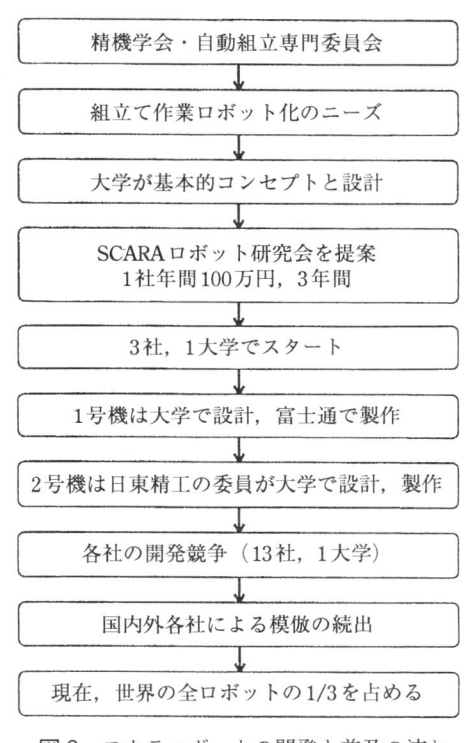

図3　スカラロボットの開発と普及の流れ

"独創的なアイデア，過不足のない機能と完璧な実用性（故 加藤一郎 早稲田大学教授）"，生産自動化ツールとしての有用性，世界的インパクトの大きさなどから，スカラロボットは産業用ロボットの金字塔であることは疑いない．

4．ノンホロノミックロボットの研究開発

中村[3]によれば，ホロノミック，ノンホロノミックとは力学的拘束を分類する用語で，ホロノミックな拘束とは拘束条件が一般座標と時間を変数として代数方程式で表されるものをいう．拘束条件を代数方程式で表すことができず，積分不可能な微分方程式で表される拘束を受けるロボットをノンホロノミックロボットと呼ぶ．

ノンホロノミックロボットの例として，車輪移動ロボット，水中ロボット，

ロボットの指，宇宙ロボット，宇宙構造物，体操ロボットなどが挙げられる．著者がノンホロノミックなる言葉に出会ったのは，1991年に外国の雑誌に投稿した論文[12]について，"これはノンホロノミック系と思われる．拘束条件を示せ"という質問がきたのが初めである．

1984年，電気通信大学への転任が決まったとき，研究テーマも産業用ロボットから非産業用ロボットに転換することを決め，前述の12のテーマを考えた．後に，これらのほとんどがノンホロノミック拘束系であることを知った．

Oriolo，Nakamura[13),14)]によれば，アクチュエータをもたない非駆動関節のマニピュレータにもノンホロノミックな拘束が現れ，リンクの数よりもアクチュエータの数が少ないマニピュレータをUnder-Actuated Manipulator (UAM, 劣駆動マニピュレータ)と呼ぶ．UAMがノンホロノミック系であることを知らなかったが，それまでに開発したブランコの励振，励振現象を利用した空中移動ロボット，ローダアーム，3リンク1モータの折りたたみロボット，床運動ロボットなどはUAMそのものである．

本書では，ノンホロノミックな拘束条件をもつロボットのうち，平行二輪車，可変構造型移動ロボット，一輪車ロボット，球状移動ロボット，猫ひねりロボット，三次元猫ひねり，一本足ロボット，なわとびロボット，ブランコ，空中移動ロボット，ローダアーム，床運動ロボットなどを紹介する．

5. 人間支援用ロボットの研究開発

1980年は産業用ロボット普及元年といわれ，この年を境に産業用ロボットの急速な導入が始まった．1985年は飛躍元年とされ[15]，日本は産業用ロボットの保有台数で世界一となった．これらは，主として製造業の生産工程や設備で作業者や自動機械に代わって働く生産手段の一つである．ロボットが工場という限られた環境で使用される場合，作業者は，腕を使って作業するロボットの動作範囲内に進入することが制限され，無人車を除くロボットにアクセスできるのは訓練されたオペレータのみである．

産業用ロボットの実用化が加速されるに従って，ロボットを製造環境以外にも導入しようとする動きが高まり，農林水産，医療福祉，サービス，エンターテインメント，教育研究，宇宙・海洋，災害救助など，さまざまな分野への適

用が検討されている．著者らのノンホロノミックロボットは教育研究・娯楽用ということになろうが，1988年には，その一つである平行二輪車をベースとした作業用移動ロボットを提案した[16]．

著者が関心をもつものは人間支援用ロボットで，1992年4月からマルチクライアント方式によって7社とサービス用知能移動ロボット研究会を作り，5年間，共同研究を実施した．これは，オフィスビル内で24時間，人間に代わって案内，搬送，清掃，警備などの軽作業を代行するロボットである．前半では一腕付き移動ロボット実機の開発と自律ナビゲーションに関する研究を行い，後半では環境認識，障害物回避，ジェスチャーを用いた人・ロボット間通信，腕を使った作業を実現した．

産業用ロボット導入の最大の問題点は動作教示とコストである．われわれは，1986年頃から物まねロボットと称してジェスチャーを用いて人がロボットに動作などを教示する方法を研究してきた．これは，人間がロボットの前で何らかの動作をすれば，それをロボットが理解して自動的に同じ動作をするものである．サービス用ロボットでは，逆にロボットが何らかの動作をすることによって人間にその意図を伝達することを考えた．また，昆虫のハエが食物を見つけてたかる行動をまねた画像抽出法は，サービス用ロボットの環境画像の中から対象物を抽出するために開発された[17]．

2010年代の日本では，少子・高齢化が進行し，介護を必要とする人が増える一方で，介護する人が少なくなると予測されている．少子・高齢化社会に対応した人間・機械システムとは何かと考えた結果，1996年から介護ロボットについて企業と共同研究を始めた．これは，人間が装着し，人が出す力を検出・増幅して被介護者の介護を行うので，パワースーツとも呼ばれる．

地震で倒壊した木造家屋に拘束された人を救助するため，1995年にエアジャッキを開発した．著者らは，(社)日本機械学会研究協力部会に"大規模災害救助ロボットシステム研究分科会"の設置を提案し，1997年から企業17社，8大学，3国立研究所，3自治体で共同研究をスタートした．

次世代生産システムとして，1997年から無人生産支援システムの研究をスタートした．最新の生産自動化設備でも，ロボットはラインやセルなどで加工・組立てなどの直接作業をするだけで，設備や生産に関するトラブルが生じ

た際には作業員が介入して支援し,トラブル解消を行う必要がある.

少子・高齢化社会では若年労働者の確保が困難になると考えられ,生産支援要員を現場に張り付けておくことは難しくなる.本研究は,現行のシステムの問題点の調査分析から始め,トラブルや事故診断と解決手段を開発するとともに,作業者に代わってロボットで代行できるオフライン・ロボットによる無人生産システムの実現をめざしている[18].

1994年3月,NHK学校放送番組制作部から小学4年生の理科実験に使う乾電池で動くロボットの製作を依頼されたので,2日後に著者は乾電池で動く**新コロンブスの卵**を提案した.コロンブスは,卵の殻を壊して立てたことで有名になったが,それから500年以上にもなるのに**殻を壊さないで起き上がる卵はだれも考えたことがなかった**.

これは,図4に示すように卵型発泡スチロールの内部をくり抜いてモータと長ねじ,重りを仕掛けて,光を当てるとセンサが作動しモータが動いて重りを移動させ,重心をずらすことによって卵を立ち上がらせるものである.これを1994年度の卒業研究として製作し[19],翌年,国立科学博物館で実演展示する(図5)とともに,"条件反射をする新コロンブスの卵"として発表した[20].同年4月からNHKのロゴマークは卵を3個並べたものに代わった.

1996年度から,喜び,怒り,悲しみ,甘えなどの感情表現が可能な犬型のペットロボットを開発するとともに,大脳における情報伝達と処理機能のモデル化について研究を行った.

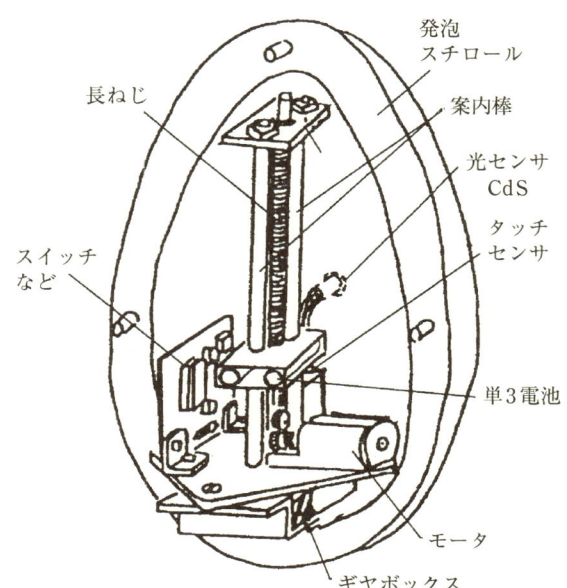

図4 新コロンブスの卵の内部

1995年から3年間，精密工学会産学協同研究協議会の下に，"昆虫型精巧ロボットの開発と精密工業への応用に関する研究分科会"を作り，昆虫型ロボットの調査研究を実施し，無尽蔵な研究と産業化の資源が眠っていることを実感した．生物の中で最も種類が多いといわれる昆虫にも，問題意識をもって学ぶことによって科学技術を大きく飛躍させるヒントが得られると確信する．

図5 立ち上がった新コロンブスの卵（国立科学博物館にて）

6．まとめ

　流体工学を学んだ人間が大学に勤めるようになって自動化やロボットをやろうとする例は著者のほかにも何人かいる．だが，研究対象も方法論も数年で変えて，次々と新しい研究テーマに立ち向かい，理論から産業応用までをやる者は多くはない．研究者には，独創的な研究で新分野を開拓し，世界をリードする成果を上げる人と，その後追いや後始末をすることで時流に乗っていると考える人との2種類がいるのではないかと思う．

　本書の最大のテーマは，ロボティクス分野において独創的な研究開発を行い，世界をリードするにはどうすればよいかということである．結論を一つ述べれば，"自分がやっていることは，一つでも科学技術年表などに載る可能性があるか"と自問することである．そして，"人生は短い．他人が考えた思想や理論の模倣，改良，応用だけで満足なのか．自分は欧米人の知的産物の伝道師や司祭にすぎないのではないか"などと疑問をもつことである．

第1章 平行二輪車ロボット

1.1 平行二輪車の研究概要

　著者らは1985年度に一輪車の研究に着手し，コンピュータシミュレーション[21]と試作機による実験[22]を行った．実験の結果，約12〜13秒間の直立姿勢の安定はできたが，車輪を駆動すると転倒し，走行できなかった．原因は，パーソナルコンピュータの演算速度（CPU i8086，4 MHz）と角速度の検出精度にあることが明らかとなり，研究の続行は困難と判断した．

　一輪車の研究を中断する代わりに，翌1986年から二次元の一輪車とも考えられる平行二輪車の研究を始めた．平行二輪車とは，倒立振子の下端を支える回転軸の両端に車輪を取り付けた倒立振子型二輪車のことである．制御工学の分野では，倒立振子または二重倒立振子の回転支点を台車に搭載し，台車をワイヤやタイミングベルトで水平に動かして振子が倒れないように制御することを目的とした研究[23]〜[25]が1970年代から行われている．しかし直接，倒立振子に車輪を付けて平行二輪車としたものは本研究を始めた時点では見当たらなかった．

　平行二輪車は，倒立振子に台車の代わりに車輪を付け，ワイヤの代わりにレールなどで拘束された車輪を動かして姿勢を制御するだけであれば，台車付き倒立振子とほとんど変わらない．だが，倒立振子の上部に制御腕などを取り付けて姿勢を制御すれば，車輪は姿勢制御とは無関係になり移動のみに使用できる．さらに，左右の車輪を独立駆動として本体に作業腕を取り付ければ，作業用移動ロボットとしての利用価値が出てくる．

　本章では，車輪を使って直立姿勢を制御するタイプと制御腕を用いるタイプの平行二輪車を開発し，姿勢・走行制御を行った結果と可変構造化による実用への展開などについて述べる．

1.2 平行二輪車の機構と制御

倒立振子または平行二輪車の直立姿勢を保持する方法として，図 1.1 に示す二つの方法が考えられる．図 1.1 (a) は，箒（ほうき）を手のひらの上で立たせる場合のように，振子の支点を前後または左右に動かす方法である．

図 1.1 (b) は，上部で質量を移動させて倒立振子（以下，本体）が傾くことにより発生する転倒モーメントをキャンセルする方法である．前者では倒立振子をワイヤなどで水平に動かしたり，車輪を動かして姿勢を制御し，後者では質量を回転または直線移動させるほか，本体に取り付けた質量のスピン動作を利用するものがある．

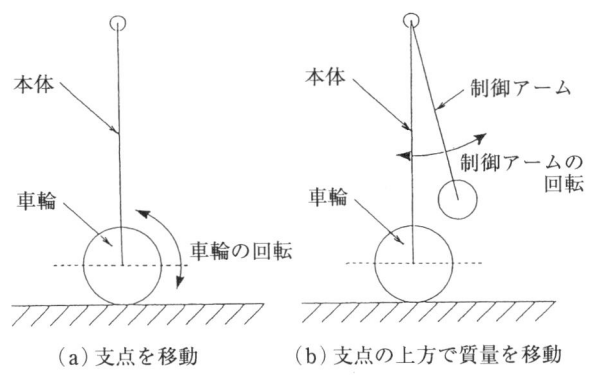

図 1.1 倒立振子の姿勢制御法

1986 年度の卒業研究として開発した平行二輪車 1 号機の概要を図 1.2 に示す[26]．倒立振子型の本体は一つの軸で回転自由に支持され，軸の両端にそれぞれ車輪を固定し，DC サーボモータ 1 で減速歯車を介して駆動する．本体上部には一輪車[22]で姿勢制御のために用いたものと同じ制御アームを吊り下げ，DC サーボモータ 2 で制御アームを駆動して本体姿勢を制御する．制御アームを使わず，車輪だけを用いて姿勢制御をす

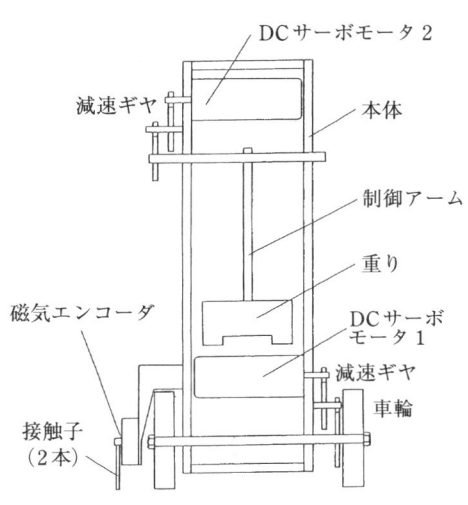

図 1.2 平行二輪車 1 号機の概要

るものが図 1.1 (a) の制御法で，制御アームだけを使って姿勢制御するものが図 1.1 (b) の制御法である．

本体の地面に対する傾き角 θ_1 を検出するため，側面に図のように磁気ロータリエンコーダを取り付け，その軸と本体の回転軸とを一致させる．エンコーダ軸の回転がその軸から突き出て互いに 90° をなして地面と接触している 2 本の接触子によって止められる一方，エンコーダハウジング部分が二輪車本体とともに回転することで θ_1 を検出する．使用したパソコン（CPU i8086, 4 MHz）には数値演算プロセッサを搭載し，プログラムは C 言語で書かれている．

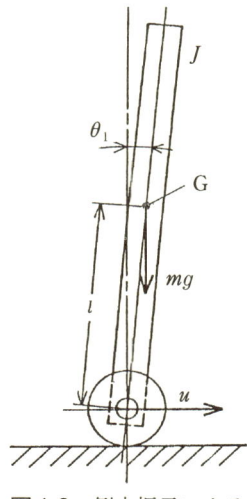

図 1.3 倒立振子によるモデル化

図 1.2 の平行二輪車について，車輪だけを用いて本体の姿勢安定ができることを解析と実験の双方より確かめた [26),27]．車輪に関する運動を無視し，平行二輪車を倒立振子によってモデル化（図 1.3）し，フィードバック制御入力 $u(t)$ を加えると，運動方程式は式 (1.1) となる．

$$J\ddot{\theta}_1 + C\dot{\theta}_1 - mgl\theta_1 = u(t) \qquad (1.1)$$

ここに，J：本体の回転中心に関する慣性モーメント，θ_1：本体の鉛直からの傾き角度，C：本体の回転軸に関する粘性摩擦トルク係数，m：本体の質量，g：重力加速度，l：車軸中心から本体重心までの長さ，$u(t)$：制御入力とし，θ_1 は微小と仮定する．

比例ゲインを K，トルク変換係数を ξ として，車輪の駆動トルクに直すと，

$$u(t) = -\xi K \theta_1(t) \qquad (1.2)$$

マイコンで平行二輪車の実時間制御を行う場合，各サンプリング時刻からの制御の遅れを考慮する必要がある．全体的な制御遅れ時間を T として，制御入力トルク $u(t)$ にこの制御時間遅れを考慮すると，式 (1.2) は

$$u(t) = -\xi K \theta_1(t-T) \qquad (1.3)$$

式 (1.1)，式 (1.3) より制御時間遅れを考慮した運動方程式を得る．

次に，$\theta_1(t-T)$ を Taylor 展開し，二次以上の微小量を無視した結果を運動

方程式に入れれば，
$$J\ddot{\theta}_1 + (C - K\xi T)\dot{\theta}_1 + (K\xi - mgl)\theta_1 = 0 \tag{1.4}$$
初期値を 0 として 式 (1.4) の特性方程式を求めると，
$$Js^2 + (C - K\xi T)s + (K\xi - mgl) = 0 \tag{1.5}$$
Routh-Hurwitz の安定条件から系が安定であるための条件は次のようになる．
$$\frac{mgl}{\xi} < K < \frac{c}{\xi T} \tag{1.6}$$

これより，K の下限は一定であるが，上限は遅れ時間 T の大きさによって変化することがわかる．すなわち，T が小さければ K を大きく取ることができるが，T が大きくなれば K の上限は小さくなる．

1.3 直立姿勢と走行制御の実験結果

1.3.1 直立姿勢制御

適当なサンプリング時間 T_s を選び，式 (1.6) で T の代わりに T_s を用いて計算したフィードバックゲインを利用して，平行二輪車の姿勢制御実験を行った．実験の結果，$T_s = 2 \sim 25$ ms の範囲で実機の姿勢制御に成功した．いくつかの特徴的な制御実験結果を以下に示す．

（1）$T_s = 3$ ms, $K = 2.0$

図 1.4 に示すように，本体の傾斜角 θ_1 は小刻みに振動しているものの，ほぼ直立状態にある．一方，車輪の回転角 θ_2 はいったん前方へ動き，ほぼ 5 rad 動いた点を中心として前後に大きく往復運動を繰り返しており，定位置に安定す

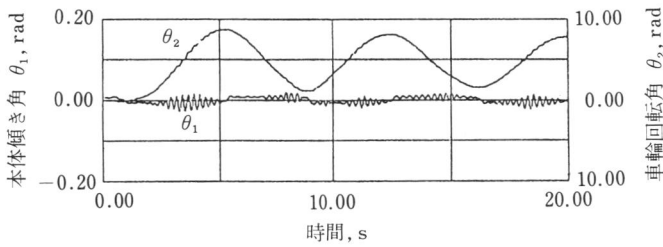

図 1.4 準安定な制御結果（$T_s = 3$ ms, $K = 2.0$）

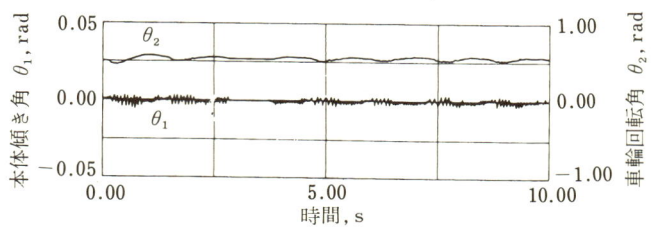

（a）本体傾き角θ_1と車輪回転角θ_2の変化

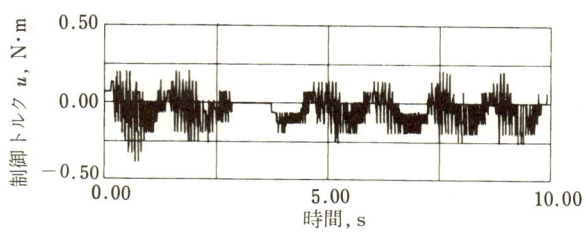

（b）制御トルクの時間的変化

図 1.5　安定な制御結果（$T_s = 3$ ms, $K = 10.0$）

ることはできない．

(2) $T_s = 3$ ms, $K = 10.0$

図 1.5 (a) では，本体はほとんど直立状態で車輪はほぼ定位置を中心として，長い周期でわずかに前後に動いているが，安定度は高い．制御トルクの時間的変化を 図 1.5 (b) に示す．本体は，ほとんど静止したように見えても車輪には絶えず制御トルクが加えられていることがわかる．

(3) $T_s = 10$ ms, $K = 3.5$

図 1.6 (a) では，車輪は起動後前進し，いったん後退した後，ある安定点の近傍で小刻みに動き，本体の傾き角の固有振動数と同じ振動数で振動する．図 1.6 (b) は車輪の角速度の変化を示す．

図 1.7 に，平行二輪車の姿勢安定領域をサンプリング時間とフィードバックゲインに関して測定した結果を示す．同図上に 式 (1.6) の関係を描くと，安定領域の下限は実験結果と非常によく一致する．しかし，上限では両者は異なった傾向を示し，$T_s < 6$ ms では平行二輪車が安定できるゲインは実験値の方が小さく，$T_s > 6$ ms では計算値の方が小さい．

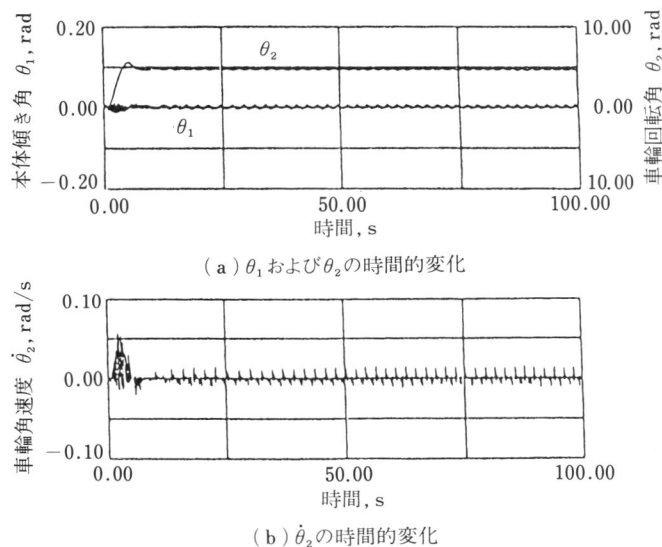

(a) θ_1 および θ_2 の時間的変化

(b) $\dot{\theta}_2$ の時間的変化

図1.6 安定な制御結果（$T_s = 10$ ms, $K = 3.5$）

1.3.2 走行制御

山藤・河村は，ゲイン変化法[26]とサーボ指令法[27]の双方によって，車輪だけを用いて平行二輪車の直立姿勢を保ちながら走行させた．

ゲイン変化法について説明すると，これは図1.7の結果を利用して，系が不安定になるゲインと安定になるゲインを交互に入力に与えることで走行させるものである．定位置で安定している平行二輪車

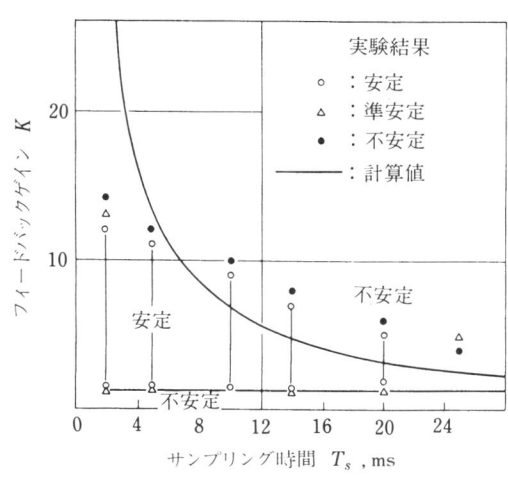

図1.7 姿勢安定の関するフィードバックゲインとサンプリング時間との関係

は，系の固有振動数で本体を前後に揺動している．走行指令が与えられた後に走らせたい方向に本体が傾いたとき，平行二輪車が不安定となるゲインを与え

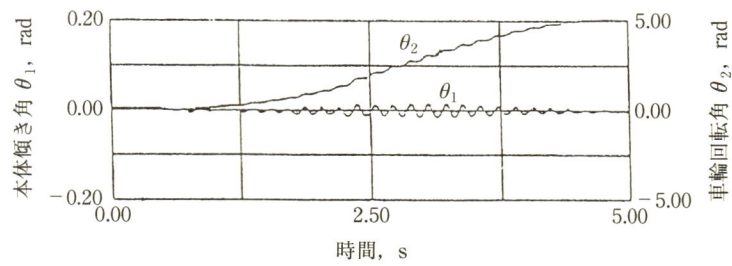

図 1.8 ゲイン変化法による走行実験結果

ると，本体はさらに走行方向に傾斜するので，姿勢を安定にするために車輪は進行方向に回転する．

このまま前進させると姿勢制御ができなくなるので，本体の傾斜角がある大きさにまで増加したときに，ゲインを安定なものに戻して安定させる．一定距離を走らせたいときは，本体を進行方向に傾けて倒れないように車輪を回転させるが，目標位置に近づいたときは安定なゲインを与えて静止させる．

図 1.8 にゲイン変化法による走行実験結果を示す．この場合，進行させたい方向を θ_1 の正にとり，比例ゲインを $\theta_1 < 0$ および $\theta_1 > 0.018$ rad では $K = 4.0$，$0 < \theta_1 < 0.018$ rad では $K = 8.0$ と変化させる．ゲイン変化法は，固有振動による本体の振動を利用した苦肉の策で平行二輪車の走行を実現したものであったが，数日後，より一般的なサーボ指令法でも走行できることを確かめた．

山藤・宮川ら[28]は，二輪を独立駆動することができる平行二輪車 2 号機を開発し，直線および曲線走行を実現した．また，直立姿勢を制御するために，二輪の一方を主，他方を従として両輪を同調させる追従法が有効であることを示した．

松本・梶田ら[29]は，われわれと同じタイプの平行二輪車に内界センサを搭載して角速度を検出し，オブザーバにより姿勢角を推定し，平地での直立・走行制御，不規則面上の走行などを行った．

1.3.3 車輪制御型平行二輪車の研究の発展

倒立振子や平行二輪車は，簡単に製作できて制御系設計の自由度も高いことから，さまざまな制御法の適用や評価のためのベンチマークとしても，現在まで研究発表が絶えることはない．Lee ら[30]は自己組織ファジィ＋線形制御器に

よって平行二輪車を直立安定化制御した.

Hiraoka, Noritsugu[31]は,パルスモータをアクチュエータとする平行二輪車の直立姿勢の初期外乱に対する応答をシミュレーションと実験によって調べた.また,同グループは平行二輪車の姿勢安定化にパルスレートを操作量とする離散時間スライディングモード法を適用した[32].

以上,倒立振子に車輪を取り付けて平行二輪車とし,車輪を用いて姿勢安定と走行を実現した研究を述べた.1986年に始めた本研究は,世界で初めて平行二輪車の姿勢および走行制御を実現した.1989年以降,国内外の研究者の関心を呼び起こし,現在までさまざまな方向への展開が見られる.

1.4 二腕付き平行二輪車

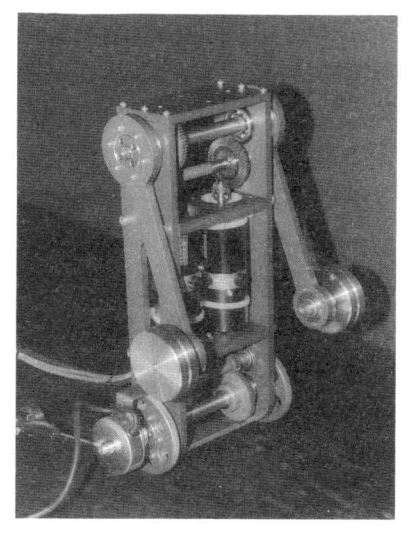

図1.9 二腕付き平行二輪車(3号機)

車輪だけで平行二輪車の姿勢制御と走行を行うこともできるが,制御が複雑になることから,姿勢制御と走行制御を分離できる二腕付き平行二輪車3号機を開発した[33].これは,人間と同じく本体の両側面に二つの腕(アーム)をもち,腕を制御することによって姿勢を制御する.

最初にアームによる平行二輪車の姿勢安定化の原理と制御系設計を述べる.アームの下端には重りを付け,トルク制御により姿勢安定を行う.図1.9に,この平行二輪車のアームによる姿勢制御の様子を示す.本体の傾き角センサとして,車輪と回転軸を一致させたロータリエンコーダ(磁気式,2048パルス/rev)を取り付け,回転軸から伸びて地面に接する接触子により本体の傾き角を検出する.

1.4.1 アームによる姿勢安定化の原理

平林・山藤[33]は,二腕付き平行二輪車3号機について,図1.10のように倒

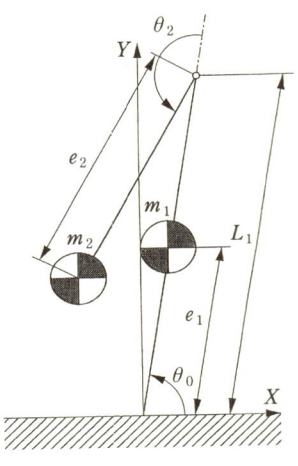

図1.10 倒立2リンクによる
モデル化

立した2リンクでモデル化した．本モデルでは単一リンクとは違って本体の傾き角よりも系全体の重心位置（合成重心位置）に注目するのが合理的である．**倒立2リンクの姿勢安定化には系の重心位置を制御して姿勢の復元力を発生させることが必要であり，この動作は"だるま"の起き上がり動作と同じ原理である**ことがわかった．

だるまの原理から導いた合成重心フィードバック（FB）制御法について説明し，姿勢の復元力発生メカニズムを解析するとともに実験により効果を検証する．

一般に，重力場で不安定な物体の姿勢を保つためには，系の重心位置は必ず接地点の鉛直線上になければならない．この条件を倒立2リンクモデルに適用すると，重心のつり合いに関する式 (1.7) を得る．

$$m_1 e_1 \cos\theta_0 + m_2\{L_1 \cos\theta_0 + e_2 \cos(\theta_0+\theta_2)\} = 0 \tag{1.7}$$

ここに，m_1：本体の質量，m_2：アームの質量，L_1：本体の全長，θ_0：本体の傾き角，θ_2：アーム回転角，e_1：接地点から本体の重心までの距離，e_2：アーム回転軸中心からアーム重心までの距離である．

式 (1.7) を式 (1.8) で表されるアームを下げた姿勢で，θ_2 について展開すると式 (1.9) を得る．

$$\pi < \theta_0 + \theta_2 < 2\pi \tag{1.8}$$

$$\theta_2 = \cos^{-1}\{(m_1 e_1 + m_2 L_1)\cos\theta_0 / m_2 e_2\} - \theta_0 \tag{1.9}$$

式 (1.10) が接地点上に系の重心位置（合成重心）を保つための条件である．しかし，これを満足するだけでは外乱が働けば系の重心位置を接地点の上に保ったまま全体がつぶれてしまい，重力バランスを取ることが不可能となる．系の姿勢を安定させるためには，合成重心位置を接地点の上に保つとともに，姿勢を保持するための制御を同時に行う必要がある．

不安定な姿勢を元に戻すためには復元力または復元トルクが必要であり，これを得るための方法として，慣性主軸回りに反動車を回転して得られる反動ト

ルクの利用[34],ジャイロ効果を用いた例[35]などがある.平行二輪車3号機では,アームを使って重心位置を変化させることは容易である.

姿勢復元トルクを得るため,積極的に系の重心位置を接地点からずらして重力バランスを崩すことにより,接地点まわりに発生するトルクを姿勢復元用トルクとして利用する. この方法では,系の重心位置を接地点上に保つことと起立姿勢を一定に保つことを調和のとれた形で実現できる.

重心位置を接地点上からずらすことによって姿勢復元トルクを得る動作は,図1.11のように"だるま"の起き上がり動作と原理的にまったく同じであることを証明できる. だるまの接地点における曲率中心と重心間の距離を r_t とすれば,本体を直立姿勢から角度 t だけ傾けたときの接地点から水平面上に射影した重心位置までの距離は式(1.10)となる.

$$X_{gt} = r_t \sin \Delta\theta_t \fallingdotseq r_t \Delta\theta_t \tag{1.10}$$

ここに, $\Delta\theta_t = \pi/2 - \theta_t$, X_{gt}:接地点と水平面に射影した重心座標との距離, r_t:接地面曲率中心と重心位置間の距離, $\Delta\theta_t$:本体の傾き角である.

これより,質量 M_t をもつ集中質量系(図1.11のだるま)に作用する重力の働きによって,接地点を回転中心とする復元トルク

$$T_{rct} = M_t g X_{gt} = M_t r_t g \Delta\theta_t$$

が発生する.

すなわち,**本体の傾き角 $\Delta\theta_t$ に比例した復元トルク T_{rct} を発生させれば,だるまと同じ原理で起立姿勢を一定に保つことができる.** 倒立2リンク系に適用すると,本体が鉛直線から $\Delta\theta = \pi/2 - \theta$ だけ倒れたとき,系の重心位置を $\Delta\theta$ に比例させて接地点に対して X_g だけ移動するようにアームを制御すればよい.これより,系の重心位置に働く重力 M_g によって接地点回りにトルク T_{rct} が発生,姿勢の復元トルクとして利用

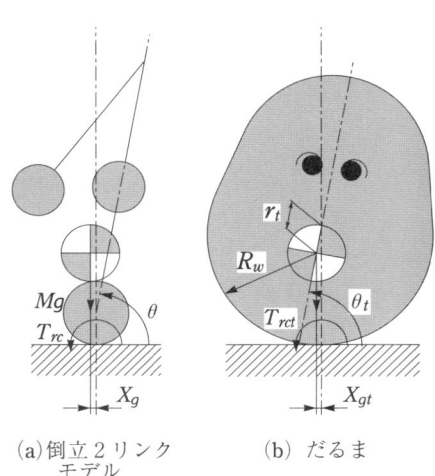

(a) 倒立2リンクモデル　　(b) だるま

図1.11　倒立2リンクモデルとだるまの姿勢復元動作との比較

1.4.2 合成重心フィードバック(FB)制御法と実験結果

前節の結果より,平行二輪車の姿勢安定には姿勢復元力を発生させるための重心位置制御と起立姿勢を指定する制御を同時に行う必要があることがわかった.これらを独立にアーム制御入力 U_2 として与える姿勢制御法を合成重心 FB 制御法と呼ぶ.この制御則は,姿勢復元力を発生させて合成重心を接地点に保つための制御入力 U_{pg},起立時の姿勢を指定する制御入力 U_{fi} および重力補償入力 U_{gc} の和として次式となる.

合成重心 FB 制御則:$U_2 = U_{pg} + U_{fi} + U_{gc}$ (1.11)

実機では接地部が点ではなく車輪であるため,本体傾斜とともに G_e だけ接地点の移動が起き,接地点移動分を補正をしなければ転倒してしまう[33]).

次に,起立姿勢を変化させる実験結果を述べる.重心位置制御法として合成重心位置制御法を用い,姿勢指定制御法として本体角度とアーム角度を指定し

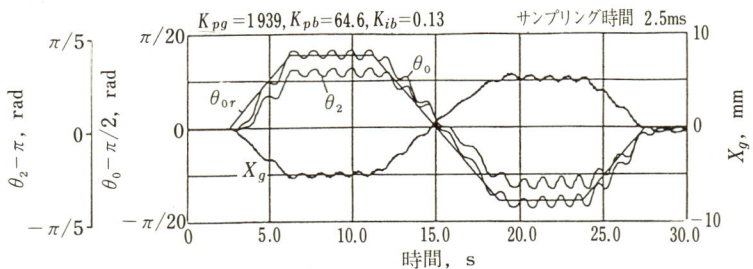

(a) 本体角度指定 θ_{0r} による姿勢変化

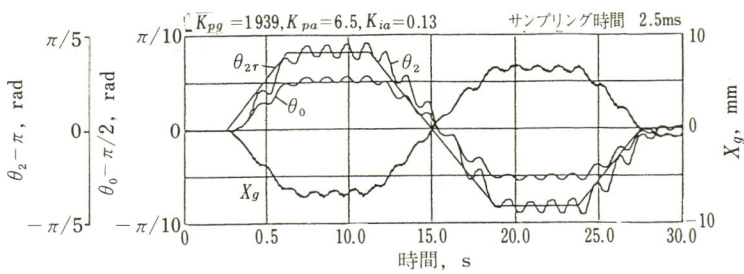

(b) アーム角度指定 θ_{2r} による姿勢制御

図 1.12 起立姿勢変化の実験結果

て起立姿勢を変化させた．本体角度を鉛直線に対して最大 ± 7° だけ台形的に変化させる指令を与えて本体の傾斜を追従させたときの実験結果を図 1.12 (a) に，またアーム角を指定して姿勢を変化させた場合を同図 (b) に示す．

1.4.3 一般化合成重心 FB 制御法

式 (1.11) の合成重心 FB 制御法は，アームに対する制御入力として姿勢復元力を発生させ，系の重心位置を接地点上に保つための合成重心 FB 入力 U_{pg} と起立時の姿勢を指定するための姿勢指定 FB 入力 U_{fi} で構成される．その際，重心位置制御と姿勢指定制御の干渉を考慮しなければならず，制御が複雑になる．この問題を解決するため，一般化合成重心 FB 制御法を考案した．この制御則は，一般化合成重心 FB 入力 U_{pgc} および重力補償入力 U_{gc} の和として次式で与えられる．

$$\text{一般化合成重心 FB 制御則}: U_2 = U_{pgc} + U_{gc} \tag{1.12}$$

$$\left. \begin{array}{l} U_{pgc} = -K_{pg}(X_0 - X_{off}) - K_{dg}\dot{X}_g \\ U_{gc} = m_2 e_2 g \cos(\theta_0 + \theta_2) \\ X_{off} = -K_{pw}(\theta_{or} - \theta_0) \\ \\ X_g = \dfrac{m_1 e_1 \cos\theta_0 + m_2\{e_2 \cos(\theta_0 + \theta_2) + L_1 \cos\theta_0\}}{m_1 + m_2} \end{array} \right\} \tag{1.13}$$

式 (1.12) を式 (1.11) と比較すれば，式 (1.11) から姿勢指定 FB 入力 U_{fi} が除かれている代わりに，U_{pgc} の式の中に本体角度の目標値 θ_0 を取り入れ，重心位置制御と姿勢指定制御とを分離せずに同じ制御入力で対応している．本制御則では，式 (1.11)，(1.13) から本体角度 θ_0 とその目標値 θ_{0r} の差にゲイン K_{pw} を乗じた量 X_{off} だけ接地点上から重心位置をずらすようにアームへの入力 U_2 を与えることで姿勢の復元トルクを発生させている．こうして，一般化合成重心 FB 制御法により重心位置制御と姿勢指定制御とが干渉することなく起立姿勢の安定化が実現される．

一般化合成重心 FB による制御系設計では三つのゲイン K_{pg}，K_{dg} および K_{pw} の設定が必要である．実験的に求めたこれらのゲインの安定領域内で自由に制御系を設計できる．動的安定解析，応答解析など等は文献 36) に譲る．

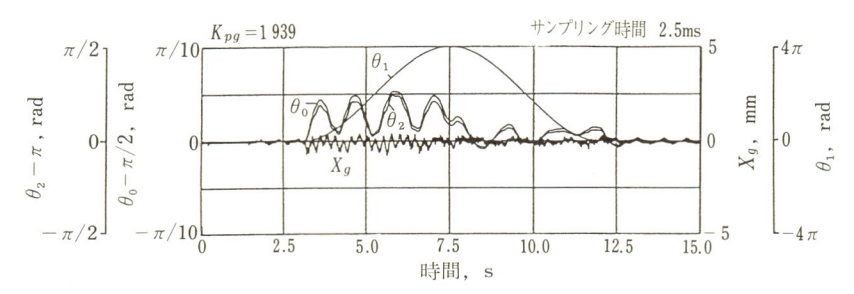

図 1.13　一般合成重心フィードバック制御法による傾斜面上の走行（傾斜角度 10°）

1.4.4　傾斜面上走行

一般化合成重心 FB 制御法は，だるまの復元の原理に基づいて平行二輪車の起立姿勢の安定化制御則を一般化したもので，他の不安定な姿勢をもつロボットや物体の安定化制御に有効に適用できる．この方法を適用すれば，アームを用いて平行二輪車の姿勢を保ちながら，姿勢安定化とは独立に車輪を走行させることができる．

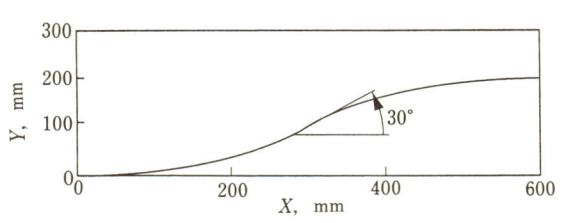

図 1.14　走行面の形状（最大傾斜角度 30°）

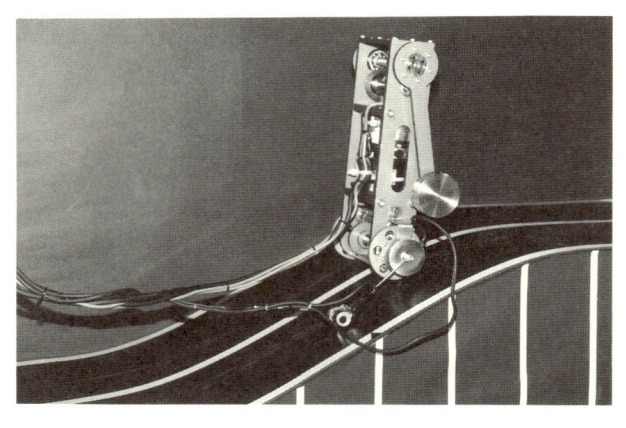

図 1.15　形状が未知の斜面を登る平行二輪車（最大傾斜角度 30°）

水平に対して 10° 傾斜した面上を走行（傾斜した 2 点間の往復）させた実験結果を図 1.13 に示す．ロボットは重心位置 X_g の変動を 1 mm 以内に保ちながら安定な移動を行っている．車輪に対する目標値は，最大速度 194.8 mm/s，最大加

速度 163.2 mm/s として PD 制御で駆動し,途中の車輪速度の指令値を余弦関数で与えた.

形状が未知の斜面上を走行させるには,斜面上における平行二輪車の本体角度を推定法する必要がある.本体角度を推定して,図 1.14 に示す曲面上を平行二輪車を走行させた実験の様子[37] を図 1.15 に示す.

1.4.5 慣性力補償による高速走行

移動速度を上げると加減速時の外乱を姿勢安定化制御では吸収できなくなるため,高加減速を要する高速移動には対応できない.そこで,**ロボットが高速移動する場合のダイナミクスを考慮した姿勢安定化法を提案する.**

運動方程式から,車輪で移動する際に本体とアームが受ける影響は,車輪の加速度 $\ddot{\theta}_1$ を含む慣性項のみである.本体とアームの慣性モーメントは,

$$\text{本体}:(MR_w - m_2 L_1 R_w \sin\theta_0 - m_2 e_2 R_w \sin\theta_{02})\ddot{\theta}_1$$
$$\text{アーム}: -m_2 e_2 R_w \sin\theta_{02} \ddot{\theta}_1$$

ここに,$M = m_0 + m_1 + m_2$,m_0:車輪の質量,$\theta_{02} = \theta_0 + \theta_2$ である.

移動時の慣性によって生じる慣性モーメント(慣性トルク)を補償することができれば,加減速の影響を受けずに姿勢安定化ができる.慣性トルクの補償法としてアームの反トルクを利用する方法[34] や重力を利用する方法が考えられるが,より簡単な後者を採用した.**慣性トルクを重力で補償するため,移動加速度に応じて系の合成重心位置を接地点上からずらすことにより発生する重力トルクと慣性トルクを平衡させる.**

加速度 $R_w\ddot{\theta}_1$ で移動中に働く慣性トルク T_i と重力トルク T_g の平衡条件は,

$$T_i + T_g = -(m_1 + m_2)R_w y_g \ddot{\theta}_1 + (m_1 + m_2)g x_g = 0 \tag{1.14}$$

これより,

$$X_g = \frac{R_w y_g}{g}\ddot{\theta}_1 = K\ddot{\theta}_1$$

合成重心位置の y 座標(y_g)の変化は小さいので,$K = R_w y_{gf}/g$ として直立姿勢の値 y_{gf} で代用する.

以上から,

$$\text{慣性力補償合成重心 FB 制御則}: U_2 = U_{pgm} + U_{gc} \tag{1.15}$$

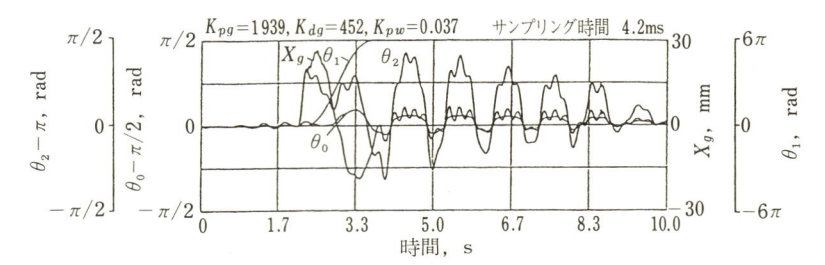

図 1.16 最大加速度 6.52 m/s^2 で距離 700 mm を高速走行させた実験結果

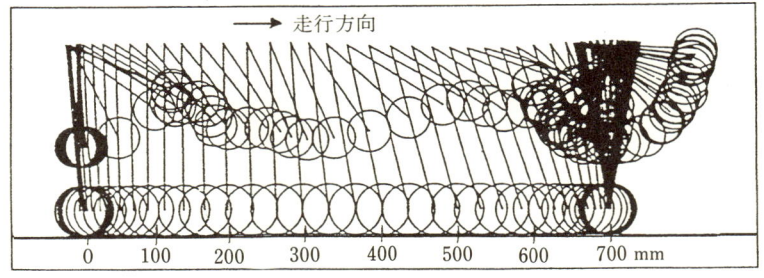

図 1.17 慣性力補償による高速走行（図 1.16）の棒線表示

$$\left.\begin{array}{l} U_{pgm} = -K_{pg}(X_0 - X_{off} + X_{mv}) - K_{dg}\dot{X}_g \\ X_{mv} = K\ddot{\theta}_{1r} = \dfrac{R_w y_g}{g}\ddot{\theta}_{1r} \end{array}\right\} \quad (1.16)$$

本制御則は，従来の式 (1.13) に式 (1.16) の X_{mv} が新たに加わったものである．$\ddot{\theta}_{1r}$ は計画軌道から計算される値を与え，フィードフォワード的に慣性トルクを補償する．

　移動体の高速走行のためには，車輪に与える指令は加速度が連続的かつ滑らかに変化することが望ましい．このため，ロボットの腕などの駆動に用いられる加速度が正弦曲線で変化するサイクロイド曲線[38]を採用した．車輪の最大加速度を $A_{max} = 6.52 \text{ m/s}^2$ と設定し，距離 700 mm を走行させたときの実験結果を図 1.16 に，また走行の様子を図 1.17 に棒線で示す．棒線の時間間隔は 42 ms，最大速度は 0.415 m/s である．こうして移動のダイナミクスを考慮した姿勢安定化制御法により，合成重心位置制御では不可能であった倒立振子

型移動ロボットの高加速度,高速度走行が実現できた[39]).

高速移動時の慣性力補償を考慮した制御法は,一般化合成重心制御法と同様に明快な理論的根拠に基づいており,一般に重心位置の高い不安定な移動物体を高速移動させる場合の制御法としても推奨できる.

1.5 平行二輪車の可変構造化,作業用ロボットへの応用

平行二輪車を作業用移動ロボットとして利用することを検討した.平行二輪車が単独または複数で作業をするほか,基本モジュールを再構成したり,他の要素を付加して可変構造化することによって四輪車では対応できない優れた応用分野が開けると考えた.そこで,平行二輪車を主体としたモジュール構造の作業用移動ロボットを提案し[16]),特許を取得した[40]).

図1.18の例では,2台の平行二輪車を組み合わせて四輪車とするほか,他のユニットを中央に挟んで八輪車を構成した.これらは,自動化工場内の搬送・トラブル解消サービス,災害救助,極限作業などへの利用が期待される.

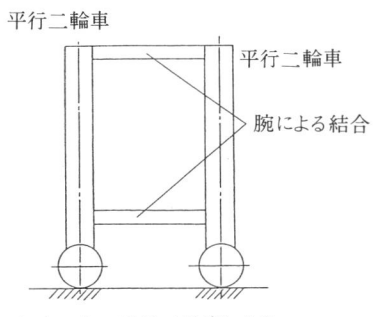

(a) 2台の平行二輪車による四輪車の構成

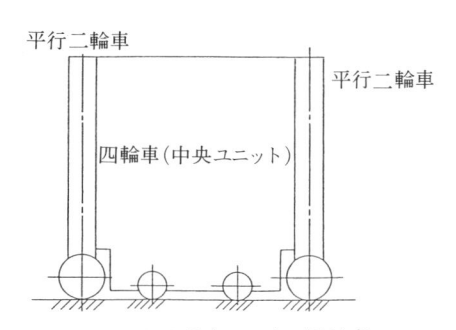

(b) 2台の平行二輪車と1台の四輪車による八輪車の構成

図1.18 平行二輪車を主体とした作業用ロボット

1.5.1 アーム・脚,脚・脚モデルの運動制御

平行二輪車3号機の本体,制御アーム,車輪のほかに脚を付加することで構成される3種類の可変構造の移動形態適応型移動ロボット[41),42)]を紹介する.これらは,図1.19に示すアーム・車輪モデル,アーム・脚モデルおよび脚・脚モデルである(全モデルに関係する本体は省く).

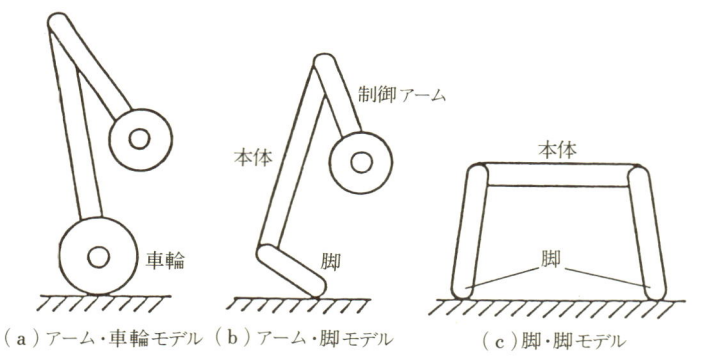

(a）アーム・車輪モデル　(b）アーム・脚モデル　(c）脚・脚モデル

図 1.19　平行二輪車の本体，車輪，アームのほかに脚から構成される環境適応型ロボット

(1) アーム・脚モデル

人体をモデルとして機構を構成し，人間の動作をイメージした起立-座り姿勢変化と跳躍移動を実現した．前者では，先端に重りを付けたアームを用いて重力バランスをとりながら脚先端で本体を支える姿勢を保つ起立姿勢と脚の面で接地する座り姿勢が存在する．また，起立からの座り動作と座りから起立する動作の姿勢変化がある．後者では，起立姿勢から脚で前方に蹴り出して飛び跳ね，起立姿勢で着地する跳躍移動も考えられる．

跳躍を利用する移動ロボットとして有名な松岡[43]や Raibert[44] の一本足の反復跳躍ロボットでは，姿勢安定のためには跳躍動作を続けなければならず，着地時の姿勢を定位置で保つことは不可能であった．ここで提案する

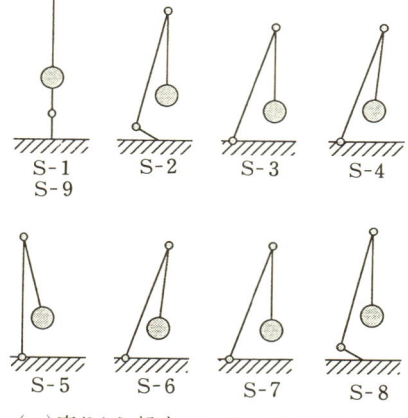

S-1
S-9　　S-2　　S-3　　S-4

S-5　　S-6　　S-7　　S-8

(a）座りから起立への姿勢変化シーケンス

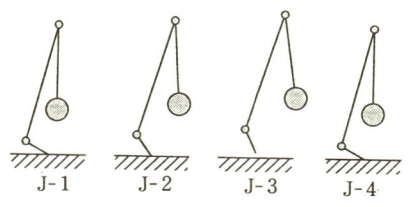

J-1　　J-2　　J-3　　J-4

(b）跳躍による移動シーケンス

図 1.20　座りから起立への姿勢変化と跳躍による移動シーケンス

1.5 平行二輪車の可変構造化，作業用ロボットへの応用

アーム・脚モデルでは，脚を曲げて接地姿勢を保ちながら跳躍を行い，着地して移動する．このため，跳躍から着地までの間の姿勢制御に 1.4.3 項で述べた制御法を適用したところ満足できる結果が得られた．

図 1.20 には，起立から座りへの変化，座りから起立への変化と二本足を揃えての跳躍移動のシーケンス動作を示す．図 1.21 は，つま先立ちの姿勢変化の様子である．ロボットが座りから起立姿勢

図 1.21　つま先立ち姿勢変化の様子

に変化する様子は，以前，偶然目にした人間の赤ちゃんが初めて立ち上がる様子とあまりにもよく似ているので驚いたことがある．赤ん坊も，ロボットと同じく体の重心を足と床との接地点の真上に保ちながら姿勢変化を行うことが理解できた [19]．

跳躍移動実験によれば，跳躍高さは約 4 mm，移動距離は約 13 mm であることがわかった．脚の駆動トルクのパラメータを変えることによって跳躍高さと移動距離を同時に変化させることができる [42]．

(2) 脚・脚モデル

図 1.22 に，脚・脚モデルの摺り足と跳躍による移動形態のシーケンスを示す．摺り足移動形態は，ゴリラが手足を

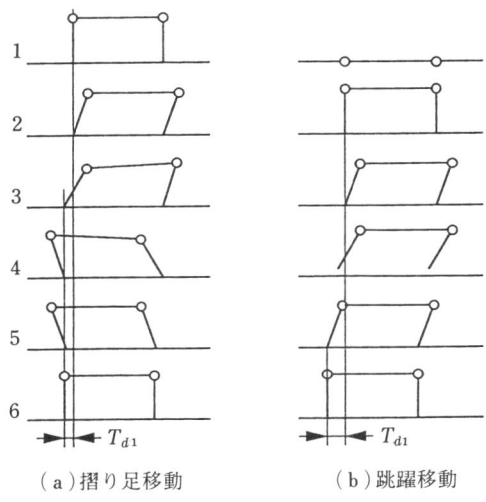

(a) 摺り足移動　　(b) 跳躍移動

図 1.22　脚・脚モデルの摺り足移動と跳躍移動のシーケンス

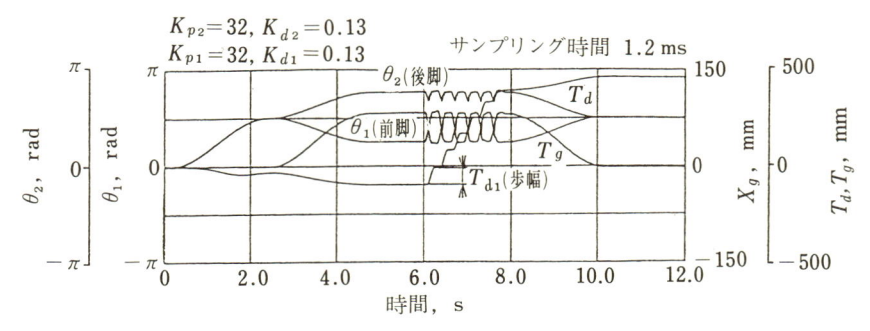

図 1.23　跳躍移動における歩幅 T_{d1} の制御実験結果

地面に着いて，ゆっくりと移動する様子を思わせ，跳躍移動はカエル跳びによる連続跳躍を思わせて笑いがこみ上げる．摺り足移動では，ロボットの自重の約 70 % の負荷を積載し，歩幅約 34 mm，平均速度約 460 mm/s の連続移動を実現した[45]．

脚・脚モデルの跳躍移動は，4 足動物の歩容の一つであるバウンドの特殊な例である．この跳躍移動でも，アーム・脚モデルのそれと同じく，脚の軌道を設定し，パラメータ変化により跳躍時の歩幅を変えることができる．跳躍移動の実験結果を 図 1.23 に示す．

図によれば，跳躍動作を 6 回繰り返すことで約 500 mm 移動し，移動距離 T_d は階段状に増加している．歩幅は約 82 mm で一定しており，跳躍のサイクルは約 0.3 秒であることから，平均移動速度は約 280 mm/s となる．

1.5.2　平行二輪車を主体とした作業用ロボット

(1) 平行二輪車における起立と横転

平行二輪車の直立と走行制御に最初に成功したときから，それが転倒した場合に自力で起き上がる機能が必要だと考えていた．起立機能をもつ平行二輪車は車輪，倒立振子型本体，制御腕のほかに作業腕をもち，転倒した場合の起立，起立から横

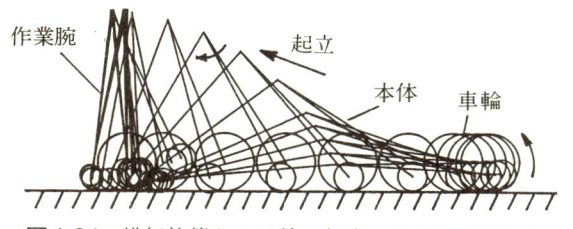

図 1.24　横転状態から三輪，起立への移行（棒線は 0.8 秒間隔の動作）

1.5 平行二輪車の可変構造化，作業用ロボットへの応用

転状態への移行，三輪状態，作業腕と先端に取り付けたエンドエフェクタによる作業などが可能である[46]．

平行二輪車の横転状態からの起立は，まず三輪状態への起立を行い，それから二輪状態へ移行する（図1.24）．トルク制御法による横転状態から三輪へ，さらに二輪への移行に成功した[47]．

（2）作業腕付き平行二輪車による作業

平行二輪車は，制御腕と作業腕を搭載し操舵機能を備えれば四輪車に比べて占有面積が小さいので，狭所作業や移動が容易となる[16]．作業腕と制御腕を搭載した平行二輪車4号機のリンクモデルを図1.25に示す．

作業腕を2本備えた平行二輪車はヒューマノイドと対比することもでき，ほぼ平坦な路面上の移動と作業を考えれば，制御とエネルギー消費の面でも有利である．作業腕を振り上げ，肘関節を曲げ，ハンドで品物を把持し，保持したまま回転させる一連の動作を実現した．また，平行二輪車が数100mm先まで移動し，天井から糸で

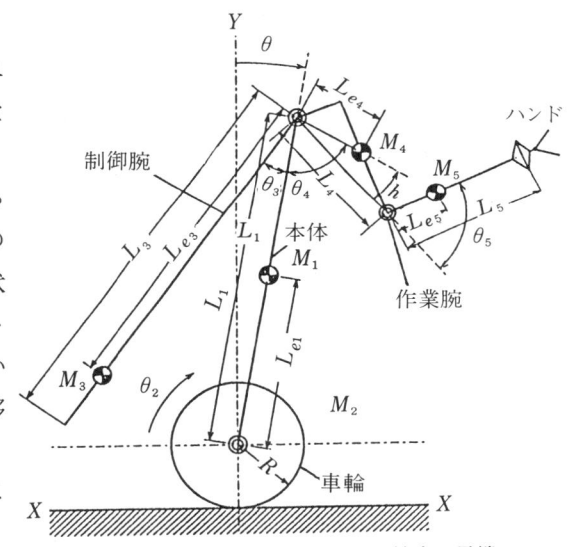

図1.25 作業腕を搭載した平行二輪車4号機のリンクモデル

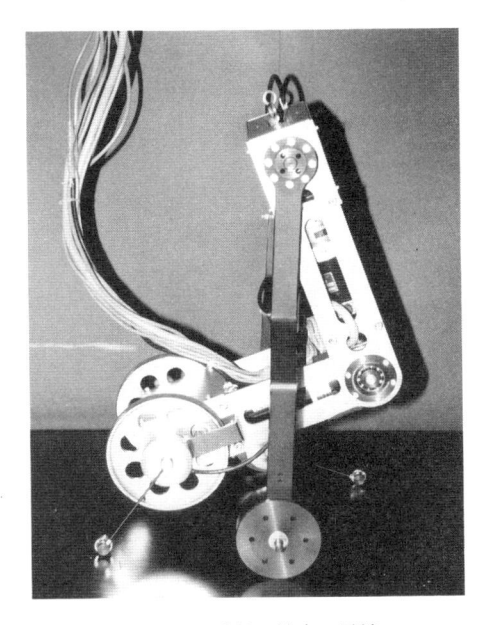

図1.26 平行二輪車5号機

吊されたボールをハンドを使ってもぎ取る実験に成功した[48].

(3) 腕を用いた階段昇降と走行

腰関節と車輪付き腕をもつ平行二輪車5号機を開発した (図1.26)[49),50]. このタイプでは腰関節と腕を協調して動かせば, 階段や段差の昇降が可能となるほか四輪車として走行することもできる. 腕を接地して腰関節を曲げ, 本体を浮かせる動作の応用として段差や階段を昇降することは容易である. 段差 (高さ25 mm) の昇降を行った実験結果を図1.27に棒線図で示す[49].

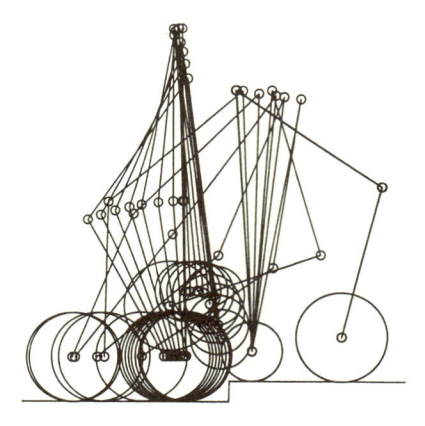

図1.27 段差 (25 mm) 登りの棒線図 (3秒間隔の表示)

1.6 平行二輪車を主体とした可変構造型ロボットの研究動向

産業技術総合研究所の松本・梶田ら[51]は, 平行二輪車を2台, シリーズに結合した形の可変構造型四輪移動ロボットを開発し, 主として段差の昇降などを行わせた.

城間・松本ら[52]は, 平行二輪車と人間が協調して物体を支えて搬送する方法について報告した. Hiraoka, Noritsugu[53]は, 複数の平行二輪車が協調して反力制御により品物を運ぶことを提案し, 実際に2台でボールを搬送した.

1.7 まとめ

倒立振子型平行二輪車を開発し, 直立姿勢を安定に保ちつつ走行させることに成功した. **二つの腕を使って姿勢を制御するタイプの平行二輪車の姿勢安定は, だるまの姿勢安定の原理と同じである** ことを示した. 制御腕をもつ平行二輪車では姿勢制御と走行を独立して行うことができるので, 高速走行や斜面上走行など, さまざまな動作ができる.

制御腕と作業腕を取り付けた平行二輪車であれば, 転倒しても車輪と腕を使

って起立したり，直立状態から横臥状態に移行することもできる．さらに，平行二輪車の本体，車輪，腕のほかに，脚などを標準モジュールとして可変構造型移動ロボットを構成することによって，各種用途に対応した作業用移動ロボットを提供することが期待される[16),40)]．

2001年12月，米国人発明家が発明したという立ち乗り平行二輪車「Segway」が日本でも大きく報道された．これは，われわれの平行二輪車1号機[26),27)]と2号機[28)]で開発した技術と原理的には同じと考えることができる．

平行二輪車1，2号機で開発した技術，① 平行な二輪の間に倒立振子と同じく回転自由に支持された上部構造（または人間），② 両輪の同時または独立駆動による走行，③ 走行させたい方向に上部構造を傾けて，それが倒れないように車輪を回転することによる走行の実現，④ センサによって検出した上部構造の傾斜角および角速度を用いてコンピュータで演算を行い，⑤ コンピュータで姿勢，走行方向と距離を制御する方式がなければ，「Segway」は存在し得ない．平行二輪車1号機に関して，1987年に特許出願し，1996年に登録されている（日本特許 第2530652号）．

われわれは「Segway」にまだ利用されていない技術を平行二輪車3号機[33),36),37),39),41),42),45)]，4号機[46)〜48)]，および5号機[49),50)]において数多く開発したことに誇りをもっている．

第2章　一輪車ロボット

2.1　1990年までの一輪車に関する研究

　人間が一輪車に乗ったのは相当古く，自転車の発明から遠くない時期だといわれている．19世紀にヨーロッパで最初に普及した自転車は，前輪が大きく後輪が小さいが，乗っているとき，偶然，後輪が浮き上がって前輪だけの一輪車状態で走ることがあったという．本章では，人間が乗るタイプの一輪車を開発し，姿勢安定と走行制御を行う．

　尾坂・嘉納ら[54]は，図2.1に示す一輪車の静止自立と直線走行について安定解析を行い，実験にも成功したと報告した．一輪車の運動には，車輪の回転のほかに，車輪と床面との接触点のまわりの前後（ピッチ）方向，左右（ロール）方向および鉛直線回り（ヨー方向）の運動があるが，彼らは，系を図2.2のように倒立振子としてモデル化し，ロール角 β とピッチ角 θ の微小な範囲で左右と前後方向の運動の干渉を無視して，それぞれ独立に制御した．振子の支点（車輪の接地点）を移動することによってピッチ方向の安定を実現し，倒立振子本体の下部に十字に取り付けた横木の内部で重

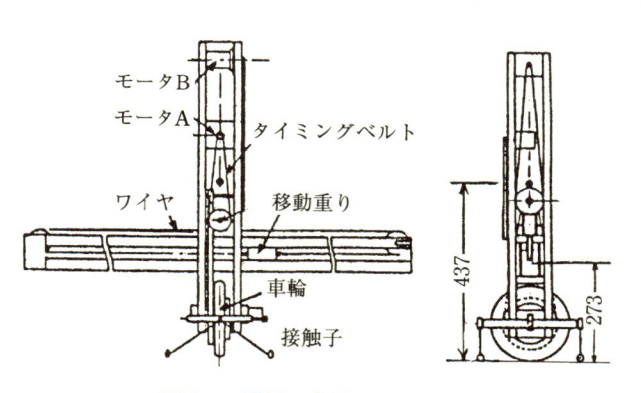

図2.1　尾坂・嘉納らの一輪車

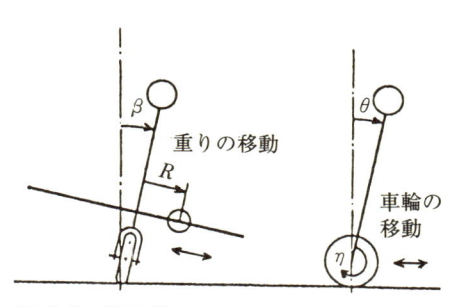

図2.2　倒立振子によるモデル化と安定化メカニズム

りを左右に移動させることによってロール方向の安定を図った.

本間・井口ら[35]は,図2.3に示す一輪車ロボットを開発した.これは,本体内部で回転(1 000～3 500 rpm)するジャイロロータをもち,外乱による急激な姿勢の変化はジャイロの歳差運動に変換されるので,歳差運動を制御するだけで姿勢の安定を維持することができる.これは,本章で対象とする姿勢安定化制御を行わなければ転倒する一輪車とは異なった系である.

Feng, Yamafuji[21]は,一輪車を倒立振子としてシミュレーションを行い,極配置法と最適制御法を適用して外乱に対する応答などを調べた.また,山藤・井上[22]は図2.4に示す倒立振子型本体の両側に下げた制御アームをもつ一輪車を製作した.制御実験結果の一例を図2.5に示す.実験では12～13秒間の直立姿勢の維持はできたが,車輪を

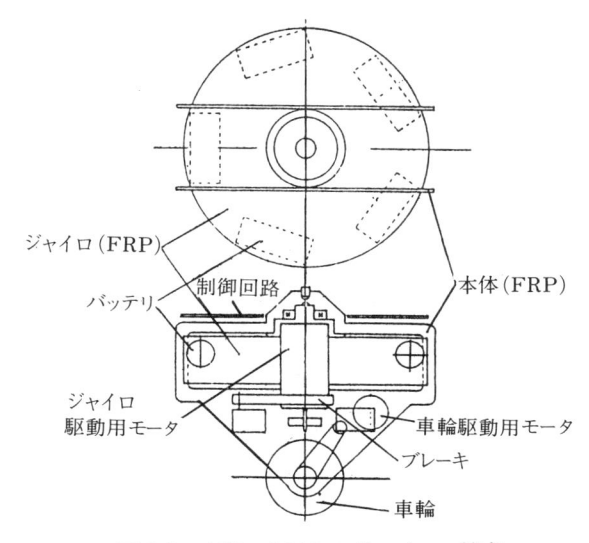

図2.3 本間・井口らのジャイロ一輪車

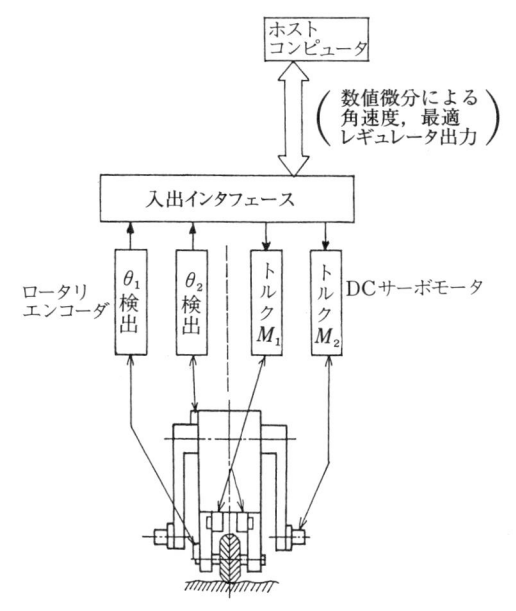

図2.4 山藤・井上らの一輪車1号機

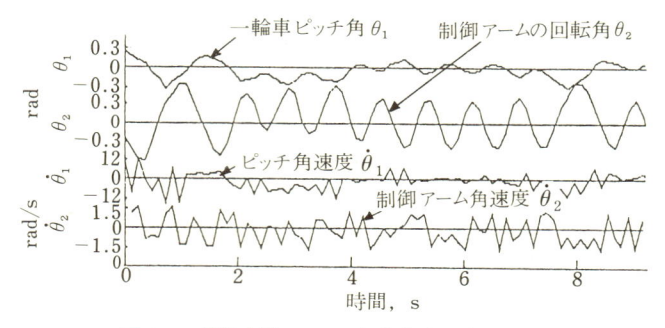

図 2.5　最適制御による直立安定化制御実験結果

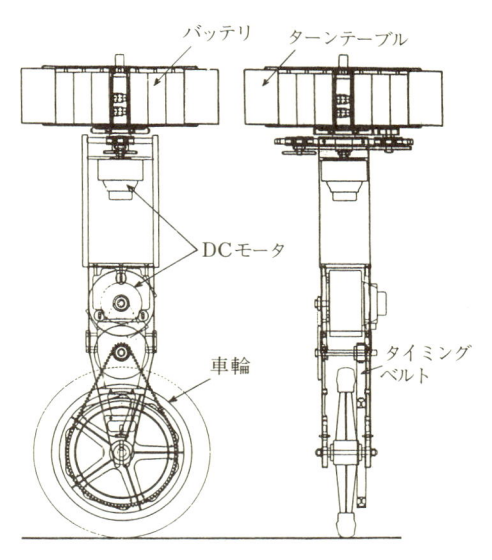

図 2.6　Schoonwinkel の一輪車

動かそうとすると転倒した．原因は，エンコーダで検出した角度データを数値微分して角速度を求めたことによる量子化誤差とパソコンの演算速度のほか，一輪車の機構にあることが判明した．

川路・汐月ら[55]は，スピン動作により一輪車の安定化制御を試みた．実験では，ミニコンを用いてスピン目標角を実時間で計算し，連続的に目標値を切り換えている．

Schoonwinkel[56]は，図 2.6 に示す一輪車を開発した．これは，一輪，本体および本体の上部で回転するターンテーブルから構成されている．コントローラは本体に搭載し，バッテリをターンテーブル内に搭載している．ピッチ方向の速度指令値を 3 rad/s としたときのピッチ角度と車輪速度の測定値を図 2.7 に示す．

本間らのジャイロ一輪車に刺激を受けた Schoonwinkel は，人が乗るタイプの一輪車の開発を狙っているが，まだターンテーブルのジャイロ効果と車輪の

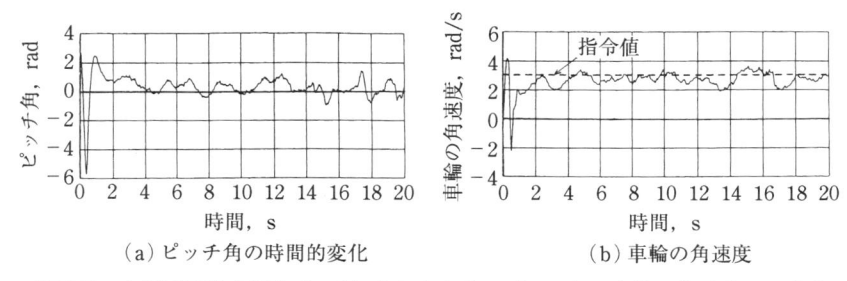

(a) ピッチ角の時間的変化　　　　(b) 車輪の角速度

図 2.7　走行速度指令値を 3 rad/s としたときのピッチ角と車輪の角速度の測定値

高速走行による安定効果に頼っている．問題はジャイロ効果がないときの制御性である．

2.2　人間が乗るタイプの一輪車 (1)：非自立型

2.2.1　人間の一輪車乗りの観察とモデリング

人が乗るタイプの一輪車を開発するため，著者の研究室では人間の一輪車乗りの観察を始めた．子供が一輪車に乗る様子をビデオカメラで撮影し，その動作を分析することによって次の結論を得た[57]．

(1) 人は，視覚やたくさんの感覚情報を用いており，動作も非常に複雑である．さらに人は学習によるスキル（技能）の獲得や無意識の反応など，トータルな能力を援用していると考えられる．

(2) 人は，大腿とすねを使ってペダルをこぐことによってピッチ方向の安定を図っている．上体と腕の運動はピッチ方向の安定に有効な復元力を生ずるが，それだけでは十分ではないので，一輪車に乗った人は，ピッチ方向の安定のためにペダルを強く踏み込む必要がある．

(3) ロール方向の安定は，上体を左右に動かしたり，腕を内に縮めたり外に伸ばしたりすることによって保つ．方向を変えるには，腰の関節をひねってその方向に上体を倒すことで操舵する．

(4) ピッチ方向とロール方向の安定性は互いに密接に連動している．ロール方向の安定は，通常，一輪車が倒れる方向に車輪を倒すことで実現される．

(5) 人の制御動作の多くは足によるペダルの踏み込み，上体と腰のひねり，および腕の伸長である．

人の一輪車乗りの観察結果から，ピッチ方向の姿勢安定がペダルをこぐことによって実現されているらしいことから，人の大腿，すね，一輪車のペダルとサドル・臀部で構成される4節閉リンク機構の役割に注目した．さらに，上体のひねりと腕の伸長がロール方向の安定に重要な役割を演じていることが推察されるので，これを一輪車上部での瞬間的な質量移動と回転が可能な機構で実現した．

以上の観察と考察によって，人間の一輪車乗りのモデルの主要部を図2.8でモデル化した．すなわち，人の大腿，すね，一輪車のペダルとサドル・臀部で4節閉リンク機構を構成し，車輪の両側に1対ずつ設ける．頭，肩，両腕は頭上で回転するロータで代替する．

一輪車の設計に役立つシステムパラメータの選定と有効な制御則を得るため，モデルについて動的システムのモデリングとシミュレーションを行った．運動方程式の中で4節閉リンク機構を開放リンクとして取り扱う場合の計算法を開発し

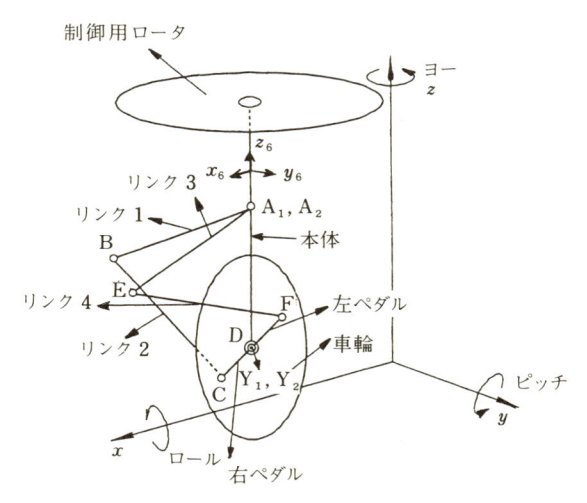

図2.8 人間型の一輪車のリンクモデル

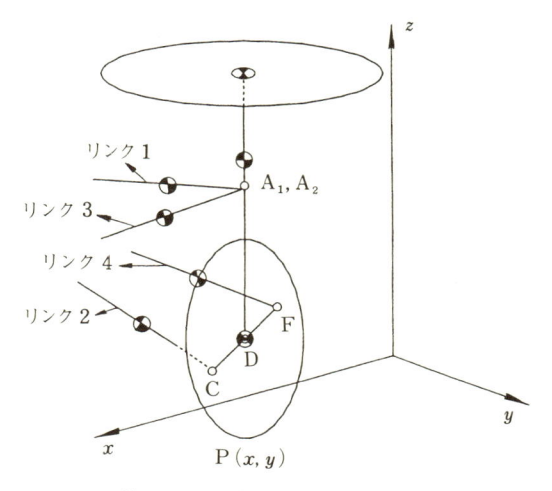

図2.9 4節閉リンク機構の開放リンクとしての取扱い

た[58]．開放リンクとした場合のモデルと座標の定義を図2.9に示す．図で一輪車の接地点の座標を$P(x,y)$とすると，車輪の回転速度$\dot{\theta}$と一輪車の床面上の速度$(\dot{x},\dot{y})$の間には次のようなノンホロノミックな拘束条件が成り立つので，ノンホロノミックシステムと呼ばれる．

$$\dot{x}=r\dot{\theta}\cos\phi, \quad \dot{y}=r\dot{\theta}\sin\phi \tag{2.1}$$

2.2.2 非自立型一輪車の設計

シミュレーション結果に基づいて製作した一輪車3号機を図2.10に示す[59]（一輪車2号機は試作したが，実験には用いなかった）．これは，車輪，本体両側に取り付けた4節リンク機構，本体上部に搭載した制御用ロータで構成される．今後，これを非自立型一輪車と呼ぶ．理由は，コンピュータとバッテリは本体に搭載せず，外部に置いて一輪車と延長コードでつながれているためである．

リンク駆動用のモータは，図2.9の節点CとFに1個ずつ搭載し，リンク2，4を回転することによって一輪車のピッチ方向の安定を図る．4節リンクのペダル・モータだけで車輪を駆動する場合をパターン1とし，ペダルのモータのほかに車輪駆動モータを用いる場合をパターン2としてシミュレーションを行

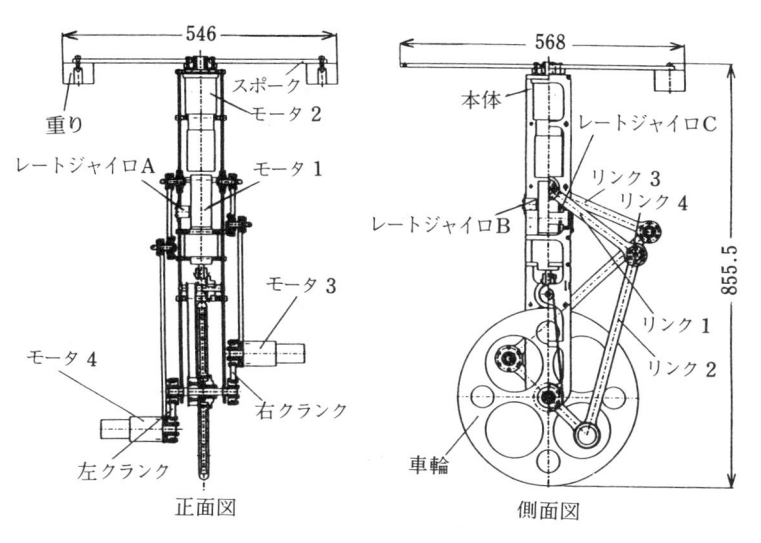

図2.10　一輪車3号機

った.その結果,パターン1,2の双方ともピッチ方向の安定に寄与するが,実際のモータのトルク容量からパターン1に比べてパターン2の方が有利であることがわかった.

一輪車の設計ではパターン2を採用したので,二つの4節閉リンク駆動のために2個,車輪駆動に1個,合計3個のモータを使用している.アクチュエータは DC サーボモータを4個使用し,車輪はモータ1 (60 W) でボール減速機,1組のスパイラルベベルギヤおよびタイミングベルト・プーリを介して駆動され,減速比は 1/45 である.制御用ロータは,減速比 1/50 のハーモニックギヤ付きモータ 2,閉リンク機構は 1/50 のハーモニック減速機付きモータ 3,4 でそれぞれ駆動される.

制御用ロータは重り(質量 900 g)を先端に取り付け,円周上に等配置した3本のスポークで構成され,スポークの先端に3個の重りが固定されている.重りを1個取り除いて制御用ロータの重心を回転軸から偏心した方がロール方向の制御のためにより効果的であることを確かめた.閉リンク機構の寸法はいずれも同じであるが,クランクの車輪への取付け角度は 180° ずらした.

実機の全質量は 14.8 kg である.コントローラとして 32 ビットパソコンを用いた.車輪,制御用ロータおよび二つの4節閉リンク機構はそれぞれソフトウェアサーボ制御によるトルク制御で駆動され,制御プログラムは C 言語で記述されている.

センサとして各モータに搭載されたロータリエンコーダ4個のほか,本体中央部にレートジャイロセンサ3個を搭載した.3個のレートジャイロは,それぞれピッチ方向(センサ A),ロール方向(センサ B)およびヨー方向(センサ C)の角速度を検出する.ジャイロセンサの角速度分解能はいずれも 0.1 deg/s である.

3個のレートジャイロを用いて姿勢角 (α, β, γ) とその角速度 ($\dot{\alpha}$, $\dot{\beta}$, $\dot{\gamma}$) を求める方法を述べる.ロボットに搭載した3個のレートジャイロセンサは,図 2.8 で示したように,それぞれ x_6, y_6, z_6 で表したロボット本体の3主軸方向に固定されている.ロボットの姿勢角 (α, β, γ),すなわちオイラー角と主軸回りの角速度 (ω_x, ω_y, ω_z) との間には次の関係がある[60].

$$\omega_x = \dot{\gamma} \cos\beta - \dot{\alpha} \cos\gamma \sin\beta \tag{2.2}$$

$$\omega_y = \dot{\beta} + \dot{\alpha}\sin\gamma \tag{2.3}$$
$$\omega_z = \dot{\gamma}\sin\beta + \dot{\alpha}\cos\gamma\cos\beta \tag{2.4}$$

角速度 ω_x, ω_y, ω_z は，ロボット本体の三つの主軸に固定した3個のレートジャイロセンサを用いて測定することができるので，式 (2.2)〜(2.4) からロボットの姿勢に関する角速度 $(\dot{\alpha}, \dot{\beta}, \dot{\gamma})$ を求めることができ，それを時間積分すればオイラー角 (α, β, γ) が得られる．

2.2.3 一輪車の制御アルゴリズム

車輪の回転は一輪車を走行させるためだけに行われるので，ロボットの姿勢安定は本モデルでは車輪の制御には依存しない．したがって，車輪は姿勢制御とは独立に制御することが可能であり，車輪は摩擦力に打ち勝って系に速度を与えるため，車輪駆動用モータ1に次のように一定トルク A を与えた．

$$\tau_\phi = A \tag{2.5}$$

二つの4節閉リンク機構のペダルを駆動するモータ3, 4のトルク入力はシミュレーション結果[61]に基づいて，式 (2.6), (2.7) で与えた．

$$\tau_{\theta 3} = -k_{p1}\beta - k_{d1}\dot{\beta} \tag{2.6}$$
$$\tau_{\theta 4} = -\tau_{\theta 3} \tag{2.7}$$

$\tau_{\theta 3}$, $\tau_{\theta 4}$ はリンク2, 4駆動用モータに対するトルク，k_{p1} と k_{d1} はフィードバックゲインである．

頭上ロータの制御法について述べると，一輪車の低速走行中にはピッチ方向の安定に比べてロール方向の安定が難しい．ロール方向の安定化のため，ロール方向傾斜角 γ の検出結果とその微分である角速度を用いた式 (2.8) をロータを駆動するモータ2の制御トルク入力とした．

$$\tau_\eta = k_{p2}\gamma + k_{d2}\dot{\gamma} \tag{2.8}$$

式 (2.5)〜(2.8) に基づいた制御トルクを与えれば，ロボットはピッチ方向にもロール方向にも姿勢の安定を実現できることを確認した[59]．

2.2.4 制御実験結果

ロール方向の姿勢制御のため制御用ロータを用いた．もし，一輪車が進行方向に向かって左側に鉛直線から大きく傾こうとするとき，ロータを右側に急激に回転することによって発生する本体の中心軸回りのトルクにより本体の傾きを復元する．これは，簡単な原理に基づく制御法であるが，人間の動作の観察

からも妥当な方法であり，非常に有効であることがわかった[62]．

ロボットの安定性は初期姿勢と床面の平坦さに大きく依存しており，場合によっては直立安定に成功しないことがあった．しかし，初期状態と底面の状態が安定性に影響を及ぼさないように配慮すれば実験はほとんど成功した．だが，実験の再現性は必ずしもよくなかった．

原因を追及する過程で，制御用ロータの3本のスポークのすべてに取り付けた重りを1個だけ取り除いて進行方向に向かって左右だけに配置したところ，3個全部を付けたものに比べて制御性が向上することがわかった．つまり，重りを3個とも取り付けたものでは，ロータの重心は回転軸の中心にあり，発生する復元トルクを大きくすることはできない[63]．

一方，重りを1個取り除いたものはロータ重心が回転軸から偏心しており，発生する復元トルクを大きくすることができる．重りを1個取り除いて2個とした制御用ロータによるロール方向の制御動作の概念を図2.11に示す．

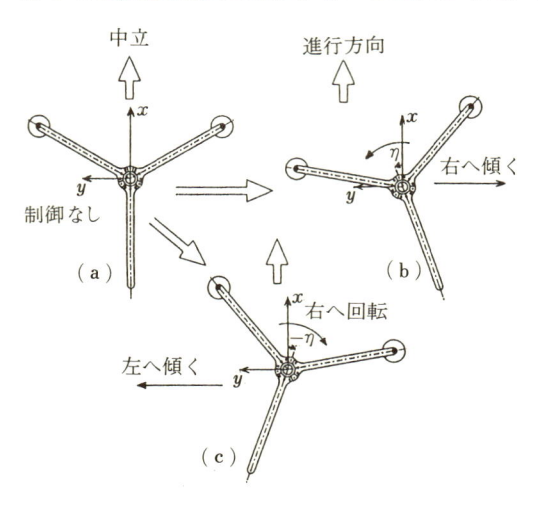

図2.11 制御用ロータによるロール方向制御動作の概念

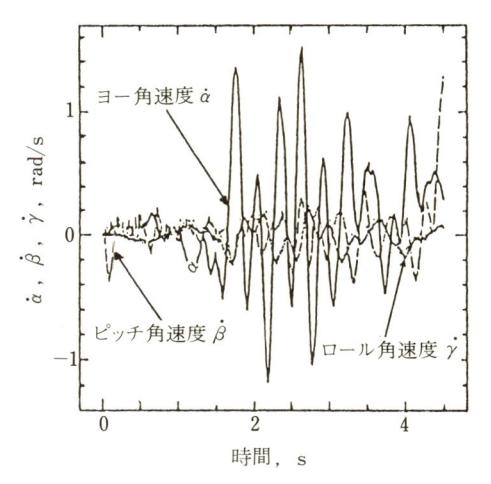

図2.12 一輪車の各姿勢の角速度の測定値（走行実験時）

制御則は次式で与えた.

$$\tau_\eta = k_{d2} \dot{\gamma} \tag{2.9}$$

図 2.12〜図 2.16 に,同じ実験で得られた各変数の時間的変化を示す[63),64)].実験では $k_{p1} = 6\,000$, $k_{d1} = 120$ と $k_{d2} = 2\,450$ を用い,パソコンのサンプリング時間は 4 ms とした.図 2.12 は,実験で得られたロボット姿勢の角速度変化である.これらを数値積分して求めたヨー角 α,ピッチ角 β およびロール角 γ の変化を 図 2.13 に示す.

図 2.13 (a) によれば,ピッチ方向の姿勢安定が本ロボットで初めて採用した 4 節閉リンク機構の利用により効果的に達成されていることがわかる.それは,β の時間的変化は走行開始から約 4.5 秒後にロボットが床面に敷かれたゴ

(a) ピッチ角の変化

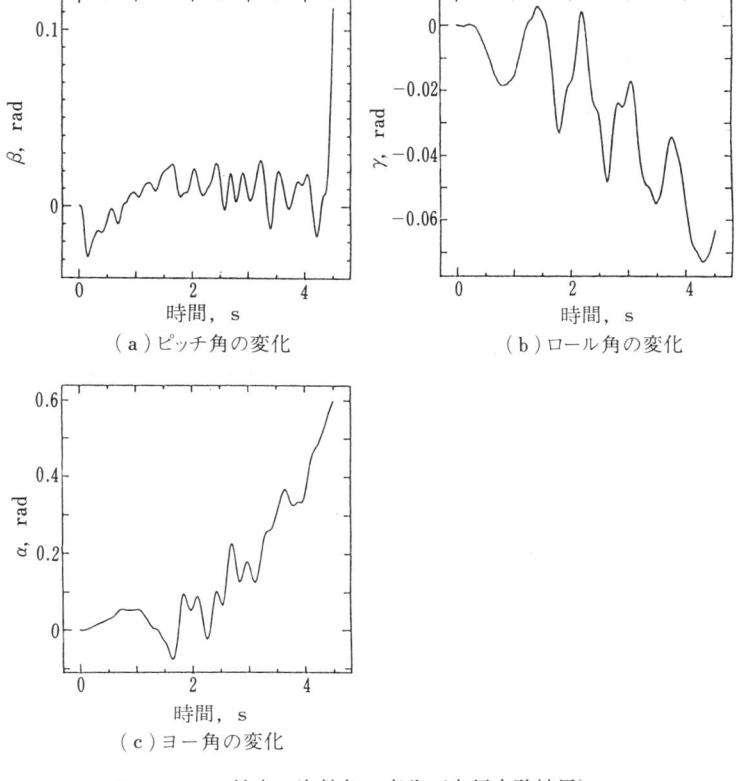

(b) ロール角の変化

(c) ヨー角の変化

図 2.13 一輪車の姿勢角の変化(走行実験結果)

ムマットの外に出て転倒するまでは小さな値に留まっていることからも知られる．使用したゴムマットは約 4.5 m × 4.5 m であり，ロボットが走行してこのゴムマットを越えるところまでが実験領域となっている．図 2.13 (b) では，ロボットのロール方向の安定が実現されているが，それは底面の平坦度とロボットの初期姿勢などによって変化しやすい．さらに図 2.13 (c) によれば，ヨー方向の姿勢は時間的に急速に変化する．理由は，ヨー方向制御はロボットのロール方向制御のためのもので，ロール方向に姿勢変化が起きれば，元に戻すためにヨー方向に姿勢が変化する必要があるためである．

図 2.14 は，それぞれ車輪駆動トルク，制御用ロータ駆動トルクとリンク 2，4

(a) 車輪駆動トルク τ_ψ

(b) 制御用ロータ駆動トルク τ_η

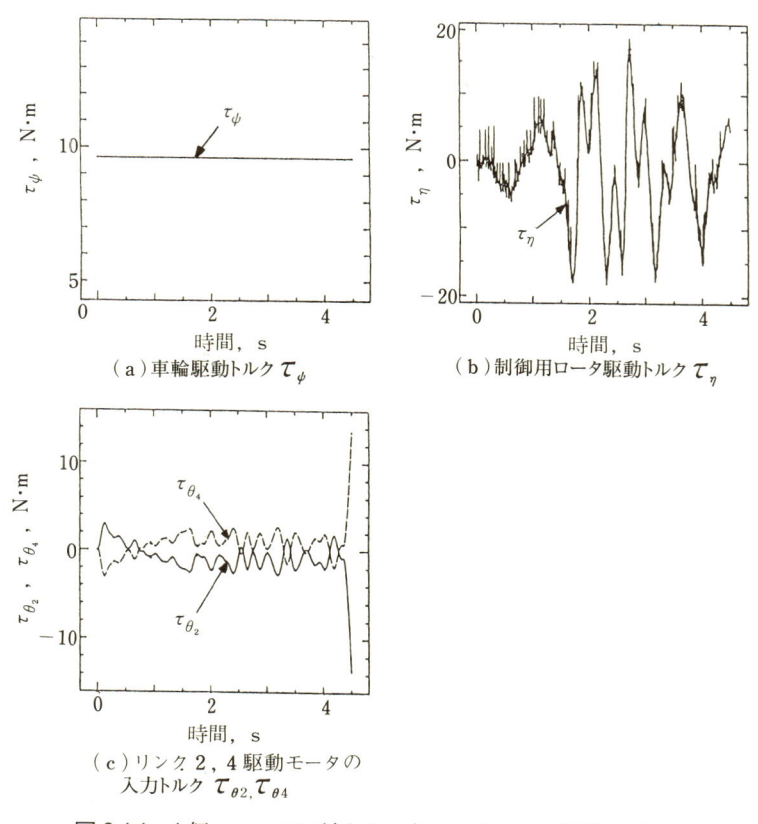

(c) リンク 2，4 駆動モータの入力トルク $\tau_{\theta 2}, \tau_{\theta 4}$

図 2.14　4 個のモータに対する入力トルク τ （走行実験結果）

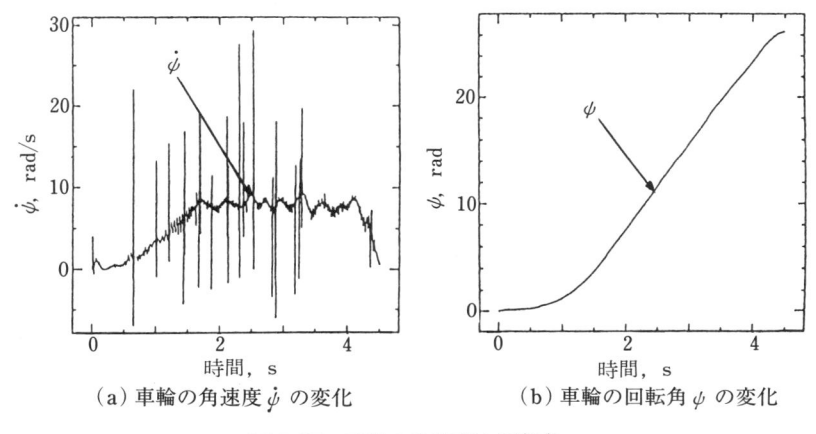

図 2.15 (a) 車輪の角速度 $\dot{\psi}$ の変化　(b) 車輪の回転角 ψ の変化

図 2.15　車輪の角速度と回転角

に対する入力トルクの時間的変化，図 2.15 は車輪の角速度と車輪の回転角の時間的変化である．実験から求めた車輪の平均速度は約 1.2 m/s であり，これは，人間が普通に一輪車に乗っている場合とほぼ同じである．

図 2.16 は床面上の走行軌跡，また図 2.17 は一輪車の走行の模様を示す[63]．

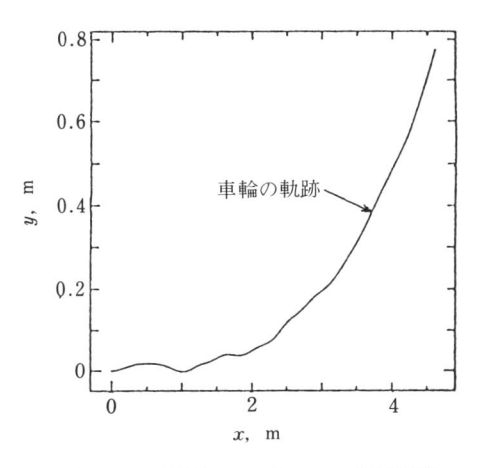

図 2.16　床面上のロボットの走行軌跡

2.3 人間が乗るタイプの一輪車(2)：自立型

前節で述べた非自立型一輪車では，4節閉リンク機構の一つのリンクに取り付けたモータで車輪を回転することにより，ピッチ方向の安定を保ち，頭上ロータを回転してロール方向の安定を図ることにより，ジャイロ効果に頼らず人間に近い一輪車乗りを実現した[59),61)〜64)]．

同機で採用した4節閉リンク機構は，人間が一輪車に乗ってペダルをこいで

車輪を駆動する方式をそのまま取り入れたもので，これでピッチ方向の姿勢安定が得られることをシミュレーションと実験で確かめた．しかし，ロール方向の姿勢安定とヨー方向制御に関する力学的・制御工学的解明は不十分であることから研究を継続した．また，非自立型一輪車は外部のコントローラと電源にケーブルでつながれているため，走行時にケーブルの影響が無視できないほか，走行範囲が限定されるという欠点があった．

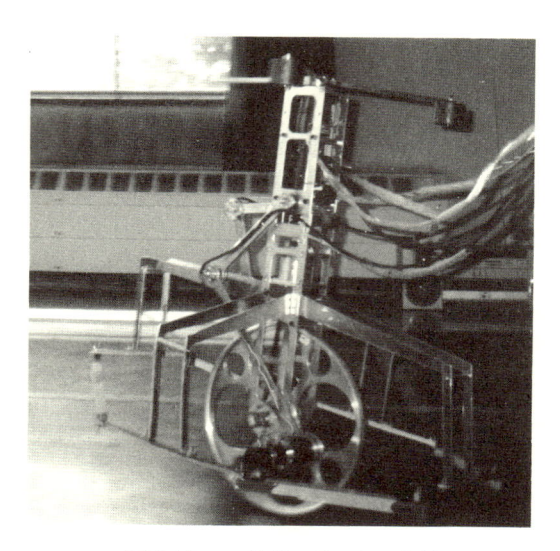

図 2.17　一輪車ロボットの走行

そこで，コントローラとバッテリを本体に搭載してケーブルを引きずらない自立型一輪車（一輪車 4 号機）を開発した[65]．自立型一輪車では，非自立型とは違ってクランクの回転のみで車輪を駆動し，ファジイ・ゲインスケジューリング制御則を適用し，シミュレーションと実験を行った．さらにエントロピーに基づいた新しい制御性評価法を提案し，その有効性を検討した．

2.3.1　自立型一輪車の開発

（1）一輪車の機構と駆動装置

自立型一輪車を図 2.18 に示す[65]．自立型と非自立型の設計上の違いは，

① 自立型では，コントローラとバッテリを本体に搭載し，外部にケーブルを引きずらない．

② 非自立型では，本体に取り付けた 2 組の 4 節閉リンクのクランクの回転と車輪駆動のために 3 個の DC サーボモータを使用したが，自立型では左右クランクの回転で車輪を駆動する．

③ 非自立型の車輪はアルミ材でハブと一体構造で製作したが，自立型では市販の一輪車のゴムタイヤをホイールに組み付けた．

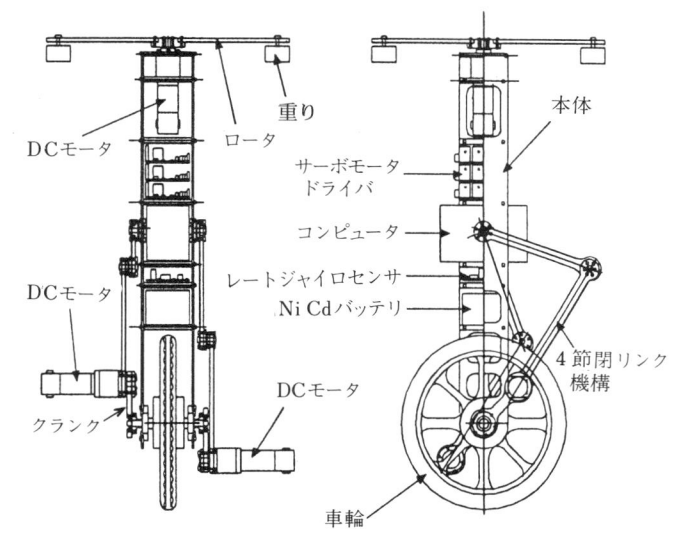

図 2.18　自立型一輪車（一輪車 4 号機）

④ 非自立型は，本体，リンクおよびロータはアルミ材で製作したが，自立型ではこれらをジュラルミン材に替えた．

両タイプとも，同構造，同一寸法の制御用ロータを使用した．全体の重心位置と慣性モーメントに関係する部分をシミュレーション結果に基づいて修正したことを除いては，できるだけ非自立型と同じ設計とした．自立型のモータ 3 個はいずれも 60 W（エンコーダ，分解能 500 p/rev）で，使用したボール減速機の減速比はクランク用が 1/18，ロータ用が 1/10 である．

本体は，人間の胴体と一輪車の座席下部に相当する．本体は矩形状とし，内部に DC サーボモータ，サーボモータードライバ，ワンボードマイコン，3 軸ジャイロセンサ，赤外線リモコン装置とそれらの電源が搭載されている．

（2）制御用コンピュータとソフトウェア

制御用コントローラとして「CARD-486 D4」（クロック周波数 75 MHz）を使用し，制御とデータ解析用プログラムは「Turbo C++」で記述した．車輪，制御用ロータおよび二つの 4 節閉リンク機構は，それぞれソフトウェアサーボ制御によるトルク制御で駆動した．

(3) センサと赤外線リモコン装置

センサとして，非自立型と同じく各モータのロータリエンコーダ，本体中央部に搭載した3個のレートジャイロセンサを用いた．レートジャイロセンサの角速度の分解能はいずれも 0.1 deg/s である．自立型では制御開始，停止などの指令を非接触で行う必要があり，赤外線リモコン（ワンチップ RISC マイコン LSIPIC12C57）を用いた．

(4) 電源部と DC-DC コンバータ

バッテリは，高容量カドニカ電池「KR-5000DEL」を12個直列接続した組立て電池（質量 約 1.9 kg）を使用した．公称電圧 14.4 V，公称電気容量 5 000 mA•h で，本ロボットでは連続 約 15 分間の走行が可能である．電源から各機器への給電のため出力電圧が異なる3種類の DC-DC コンバータを用いた．

2.3.2 制御系設計，シミュレーションと実験

(1) ファジィ・ゲインスケジュール PD 制御

非自立型一輪車では，比例・微分（PD）制御によって安定走行を実現する[59),61)]とともに，ファジィ推論を用いて PD 制御のゲインを実時間で変化させるファジィ・ゲインスケジュール PD 制御によりさらに優れた制御結果を得た[62),63)]．

自立型一輪車でも後者の制御法を適用し，まずシミュレーションによってその有効性を検証した．非自立型実機のファジィ・ゲインスケジュール PD 制御器は式 (2.10) で与えた．

$$U = k_p f_1 \delta\theta + k_d f_2 \dot{\delta\theta} \tag{2.10}$$

ここに，U：FB 入力，k_p：比例 FB ゲイン，k_d：微分 FB ゲイン，f_1：推論で得られる変数，f_2：推論で得られる変数，$\delta\theta$：目標角度からの偏差，$\dot{\delta\theta}$：目標角速度からの偏差である．

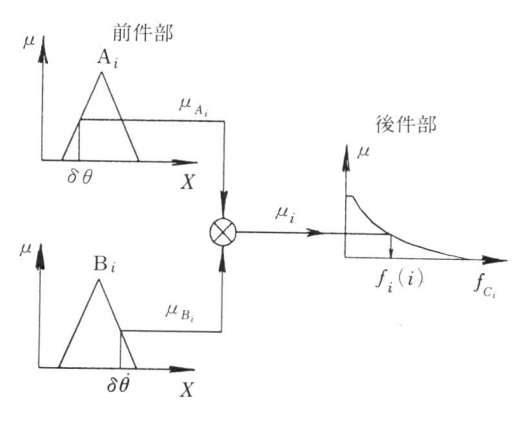

図 2.19 ファジイ推論の計算プロセス

上式で，k_p，k_d は定数であ

るが，f_1，f_2 はファジィ推論に基づいて計算される変数で 0.0〜1.0 の値をとる．ファジィ・ゲインスケジュール PD 制御器の設計法は文献 62)〜64) に譲り，前件部と後件部のファジィ変数のメンバーシップ関数を合わせたファジィ推論の計算プロセスを 図 2.19 に示す．

　ファジィ・ゲインスケジュール PD 制御を適用すると，2 組の 4 節閉リンクのクランクと制御用ロータの制御入力は，式 (2.11)，(2.12) となる．

$$\tau_{\theta 2} = \tau_{\theta 4} = -k_{P1} f_1 \beta + k_{d1} f_2 \dot{\beta} \tag{2.11}$$

$$\tau_{\eta} = k_{p2} f_3 \gamma + k_{d2} f_4 \dot{\gamma} \tag{2.12}$$

ここに，$\tau_{\theta 2}$, $\tau_{\theta 4}$：リンク 2, 4 の入力トルク，τ_{η}：制御用ロータの入力トルク

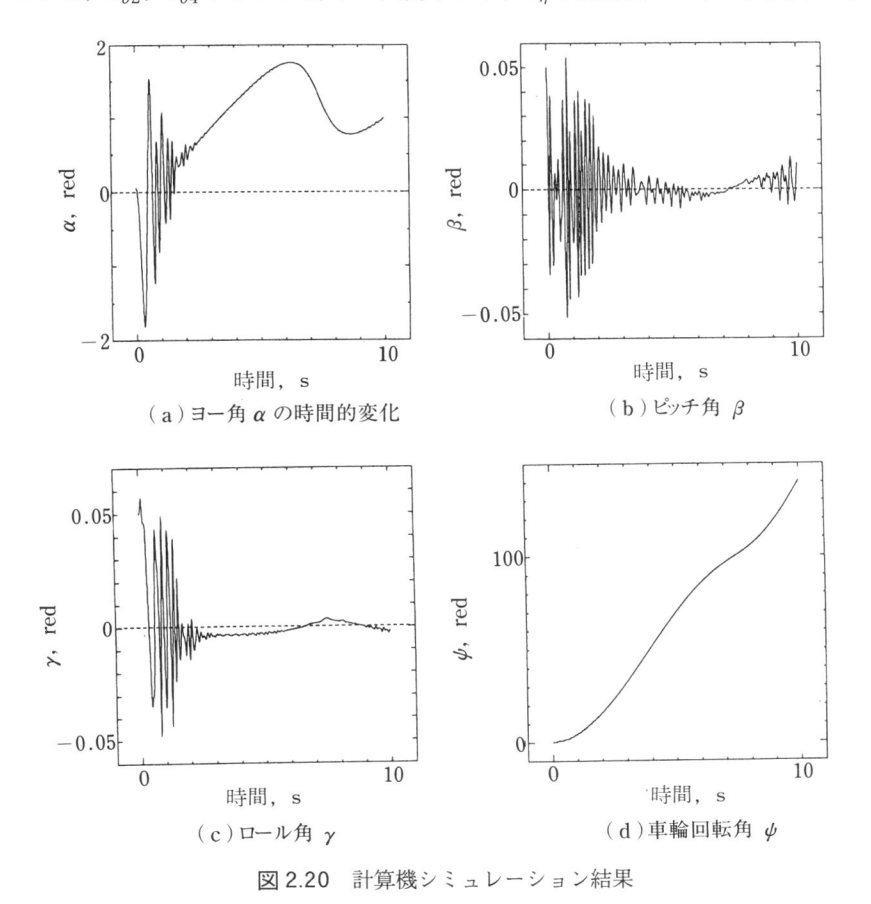

(a) ヨー角 α の時間的変化

(b) ピッチ角 β

(c) ロール角 γ

(d) 車輪回転角 ψ

図 2.20　計算機シミュレーション結果

である.

(2) シミュレーション結果

式 (2.11) で $k_{p1} = 711$, $k_{d1} = 4$ とし，式 (2.12) の $k_{p2} = 9$, $l_{d2} = 37$ としてシミュレーションを行った．$t = 0$ においてピッチ角とロール角をそれぞれ鉛直線から $0.05\,\mathrm{rad}$ だけ傾斜させた場合のシミュレーション結果を図 2.20 に示す．図によれば，ピッチ角およびロール角とも約 4 秒後には安定状態に達している．図 2.20 (d) は車輪の回転角の時間的変化を示す．

(a) ヨー角 α の時間的変化

(b) ピッチ角 β

(c) ロール角 γ

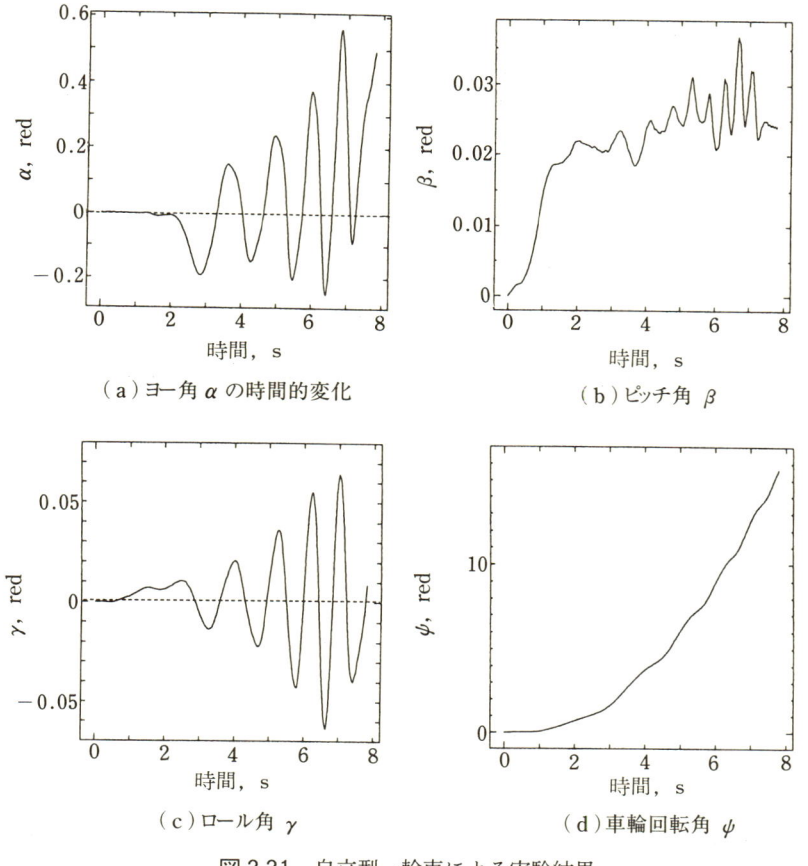

(d) 車輪回転角 ψ

図 2.21　自立型一輪車による実験結果

(3) 制御実験結果

シミュレーションで有効性を確かめたファジィ・ゲインスケジュール PD 制御則をそのまま用いて，自立型一輪車の姿勢安定と走行実験を行った．式 (2.11)，(2.12) 中の固定 FB ゲインを $k_{p1} = 711$, $k_{d1} = 9$, $k_{p2} = 41$, $k_{d2} = 10$ とした．実験結果を図 2.21 に示す．

制御時間を 8 秒間としたので，8 秒間の実験データしか得られていないが，この間で走行安定化制御を実現した．制御を行ったピッチ角については 0.04 rad 以内，ロール角では 0.06 rad 以内の安定走行ができた．

2.4 エントロピーに基づいた制御性評価法

渡辺・大倉ら [66] および Ulyanov, Watanabe ら [67],[68] は，エントロピーの変化に基づく安定性評価法を振動系の安定と一輪車の安定化にそれぞれ適用した．

Brillouin [69] が提案した力学系の安定に関するエントロピーの変化に基づく安定性評価法によれば，一般に非線形の運動方程式は式 (2.13) となり，この散逸エネルギー項から導かれる式 (2.14) がエントロピーの時間微分である．

$$\ddot{q} = f(\dot{q}, q) + g(q) - F_c \tag{2.13}$$

$$\frac{dS}{dt} = f(\dot{q}, q)\dot{q} - F_c \dot{q} = \frac{dS_u}{dt} - \frac{dS_c}{dt} \tag{2.14}$$

ここに，q：一般化座標，f, g：任意の関数，F_c：制御入力，dS/dt：システム全体のエントロピー S の時間微分，dS_u/dt：制御対象のエントロピーの時間微分，dS_c/dt：制御器のエントロピーの時間微分である．

式 (2.13) の Lyapunov 関数として式 (2.15) を選ぶ．

$$V = \frac{\Sigma q^2 + S^2}{2} = \frac{\Sigma q^2 + (S_u^2 - S_c^2)}{2} \tag{2.15}$$

ここで，システムの安定のためには式 (2.16) が必要十分条件となる．

$$\frac{dV}{dt} = \Sigma q \dot{q} + (S_u - S_c)\left(\frac{dS_u}{dt} - \frac{dS_c}{dt}\right) < 0 \tag{2.16}$$

式 (2.16) より式 (2.17) が得られ，dS/dt をシステム安定化の定性的評価のために用いる．

$$\Sigma q\dot{q} < (S_u - S_c)\left(\frac{dS_c}{dt} - \frac{dS_u}{dt}\right) \tag{2.17}$$

上式で，dS_c/dt は制御対象が生成するエントロピーの時間的変化，$-dS_u/dt$ は制御器から制御対象に与えられる負のエントロピー変化（制御効果）と考えられ，これを Brillouin は negentropy と呼んだ．

渡辺・大倉ら[66]は，以上のエントロピー変化をばね，ダンパ，質量を直列にもつ減衰振動系に適用し，質量を安定化させる PD 制御器のパラメータを GA によって求めて制御のシミュレーションを行った．その際に評価関数として dS/dt を用いた場合と変位の2乗の時間積分を用いた場合とを比較し，前者を用いた方が良好な制御が実現できることを示した．

エントロピーに基づく制御性評価法を自立型一輪車へ適用した結果[67],[68]を紹介する．ここでも，Lyapunov 関数として式 (2.15) を定義すれば，システム安定のためには式 (2.17) が必要十分条件となる．同式を用いて計算される系と制御器の最小エントロピーの生成量から，一輪車の制御安定化が評価できる．

図 2.22 は，ピッチ角について式 (2.14) のエントロピーの時間変化

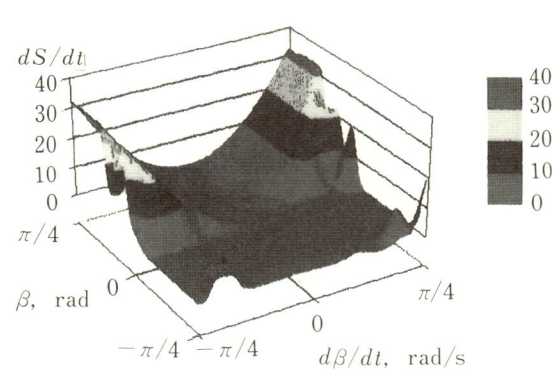

図 2.22 ピッチ角およびピッチ角速度に対するエントロピーの時間的変化 dS/dt

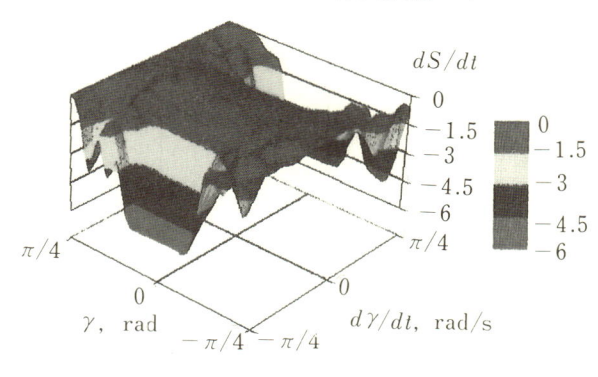

図 2.23 ロール角およびロール角速度に対するエントロピーの時間的変化 dS/dt

dS/dt を計算したものであるが,この場合,ピッチ角が大きくなるにつれて系の不安定が加速されると考えられる[67].

図 2.23 は,ロータの制御についてロール角と角速度に関して dS/dt をシミュレーションによって求めたものである.図によれば,ほとんどの角度と角速度に対して dS/dt は負であり,この制御によってロータに起因する不安定は生じないことが予想される[67].

2.5 球状一輪車ロボット

鶴賀[70]は,直径 400 mm の球上に 4 個の駆動輪をもつ機構部を載せ,その上に操縦者がまたがるタイプの球状一輪車を開発した.駆動輪は直径 30 mm のゴムタイヤで球の赤道上に等配置され,中心に向けて押し付けられており,平歯車とベルトを介して各 300 W のサーボモータで駆動する.機構部中央に複数個のキャスタを旋回軸が球の中心に向くように取り付けて機構部と操縦者の重量を支えている.

安定化と操縦のための機械的構造はもたず,操縦者が移動したい方向に体重を移動してバランスを崩すことで球が重力により転動する.そのとき,機構部は球の真上からそれるため傾斜するが,水平を保つように制御されているので球の真上に移動しようとして,球はさらに転がって直立安定を確保しながら操縦者の意図した方向に移動できる.

これは,2001 年 12 月に発表された「Segway」の移動方法とまったく同じである.また,この姿勢安定法は第 1 章で述べた手のひらの上でほうきを立たせる場合や平行二輪車の支点移動による姿勢安定法と同じである.人の代わりに人形を乗せ,外部からラジコン操作により無人で走行することもできるという.

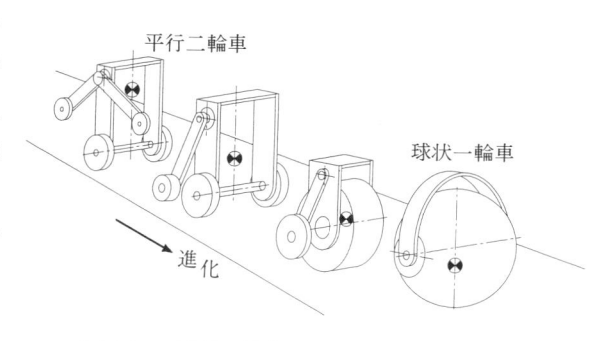

越山・山藤[12],[71]～[73]

図 2.24 平行二輪車から球状一輪車への進化過程

54　第2章　一輪車ロボット

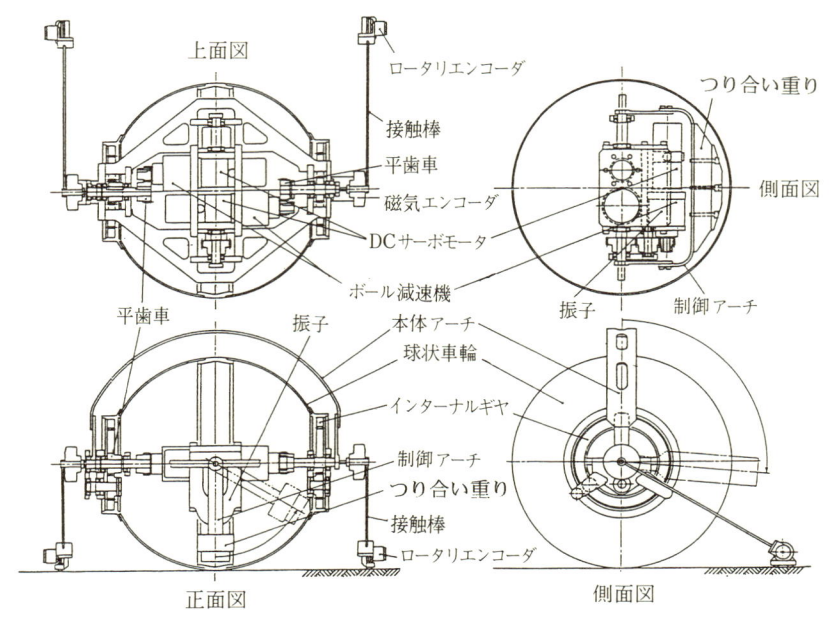

図 2.25　球状一輪車の全体構成

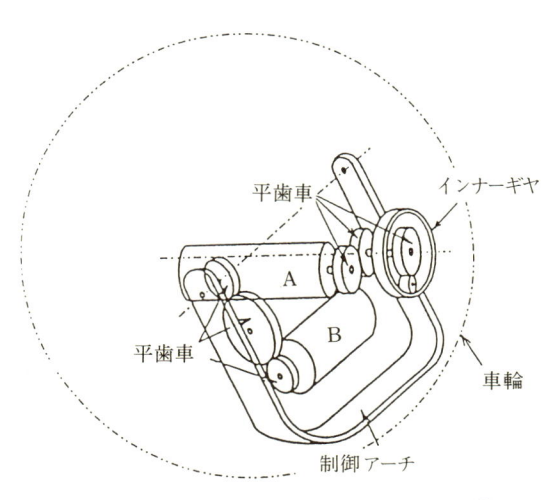

図 2.26　車輪と制御アーチの駆動機構[12]

は別の球状一輪車を開発した．これは平行二輪車[26),33),74)]から進化した形態と考えており，その進化過程を図2.24に，また全体構成を図2.25に示す．車輪を膨らませて球とし，制御アームをアーチ状とすることにより右端の球状一輪車が得られる．制御アームは，制御アーチへと進化し，球体内部に吊り下げられており，進行方向から左右に振ることでロール角を制御し，全方向移動が可能となった．

本体アーチ，制御アーチと車輪は内部に組み込んだ3個のモータで駆動される．図 2.26 にインナーギヤ，制御アーチ，車輪および駆動機構を示す[12]．これは，制御を加えなくても中立安定する系であり，移動のためにロボット自体の拘束条件はほとんど考慮する必要がないことから，ノンホロノミック系とはいえないが，研究対象としては興味ある多くの課題を含んでいる．

本ロボットは，ホームロボットとして前後左右どの方向にも移動が可能で，部屋の掃除，品物の運搬，留守番や警備，火災・漏電・ガス漏れ・水漏れなどの検出，子供などのペットとしての利用を想定した．家庭内での子供から老人までの使用を想定しているので，対人安全性の確保，操作の容易さおよび学習による知識獲得などを目標とした[75]．

2.6 まとめ

人間が乗るのさえ難しい一輪車ロボットを制御により直立させるとともに安定して走行させた研究成果が発表されるようになった．ジャイロ効果によって直立安定させた本間・井口ら[35]および Schoonwinkel[56] の一輪車ではコントローラとバッテリを内蔵した自立系となっており行動範囲も広いが，ジャイロ効果を利用しない一輪車ではコンピュータと電源を外部にもち，延長コードを引きずるものが多かった[54),55),57)〜59),61)〜64),76)]．

1997 年になって延長ケーブルを引きずらない自立型一輪車が開発され走行制御に成功した[65]．エントロピーに基づく制御性評価法は，一般の非線形力学系にも安定性評価法として有力なツールとなる可能性がある．球状の移動ロボットでは Halme, Schoenberg ら[77]，Fujisawa, Ohkubo ら[78] の研究がある．

第3章　動作がユニークな面白ロボット

3.1　面白ロボットのアイデア発想法

　著者の一人は，生産自動化・産業用ロボットの分野からロボット研究に入った．1984年，大学を移った機会に産業用ロボットから非産業用ロボットに方向転換した．そして，産業の役には立たないが，思いきり「夢のあるロボット」の研究をやろうと考えた．

　1985年に挑戦した一輪車1号機の失敗後，平行二輪車と環境認識機能をもつ四本足歩行ロボットの研究を卒業研究として同時に始めた．平行二輪車は大成功であったが，歩行ロボットは重すぎて動けなかった．歩行メカとレンジファインダ方式の環境認識はユニークだったので学会発表[79]したが，四本足歩行ロボットの研究は技術力が上がるまで止めることにした．

　本章では，動作がユニークな面白ロボットのアイデアとコンセプトを中心に述べる．

3.1.1　一本足移動ロボットのアイデア

　1989年に歩行ロボットで有名な大学から助手を迎えて，歩行ロボットの研究を再開した．筆者は，研究室のミーティングで「われわれは歩行ロボットの研究では最後発なので，どうせやるなら動歩行可能なロボットで，だれもやっていないものをやろう」と述べた．

　動歩行ロボットをやりたいと手を上げた4年生が，数日後，「子供のときに雨戸を外して乗って遊んだことがあるけど，あれも動歩行ではないか．それをロボットでやることはできないか」といった．雨戸乗りは，外した雨戸を縦にして，桟（さん）のある方に向かって両足を開いて乗せ，雨戸を前方に少し傾けて両手で抱え，片足ずつ前方へ動かしてジグザグに前進する遊びである．

　具体的には，桟に乗った足を片足ずつ上げて遊脚とし，もう一方の足（支持脚）を支点として遊脚を前方にある角度だけ回して着地する．次に支持脚と遊脚を交代し，今度は遊脚側を前とは反対方向にある角度だけ回す．こうして，左右，交互に桟に乗った足を前方に移動し，接地点を左右に変えて片足ずつジ

グザグに前進する．子供の頃は乗るだけでも面白い．それを悪ガキ同士でぶつけてどちらかが倒れるまでやって遊んだことがあるが，雨戸をもったまま倒れるとかなりダメージが大きい．やり方を覚えるとそんなに難しいものではなく，その格好は，ちょうどウインドサーファーが両手で帆をつかんでバランスをとるのに似ている．研究会のメンバーの多くは子供の頃にやったことがあり，これは素晴らしいアイデアだと思った．

考えを発展させていくうちに，これは竹馬と同じようなことをやっているのではないかということになった．竹馬に乗って歩くのは疑いもなく動的歩行（dynamic walking）で，しかも動歩行の極端な例である．竹馬は二本足であるが，これを一本足にして MIT の「Hopping Machine」のようにピョンピョン跳ぶのではなく，バランスを保って歩行させることができないかということになった．

竹馬は地面と接している面積が小さいため，直立した状態を維持するためにはつねに足踏みし，前後に移動させなければならないが，一本足ロボットも，つねに姿勢を直立すると同時に移動を行う必要があり，研究としてはかなり手強いことが予想された．

3.1.2 Raibert の「Hopping Machine」

一本足ロボットといえば，MIT の教授であった Raibert が開発した図 3.1 に示す「Hopping Machine」[44]があまりにも有名で，TV でも放映されたので記憶されている人も多いと思う．これは，短円筒状の本体中心から脚に相当するエアシリンダが下に突き出た構造をもち，本体が傾きかけた方向に脚先を向け，接地点を移動させながらホッピング動作を行うことで転倒を防いでいる．

脚に比べてロボット本体に大きな慣性をもたせることで姿勢を保持し，細く軽い脚だけを素早く上下動させ，動かしたい方向に脚を踏み出す．アクチュエータは，ホッピング動作のためのエアシリンダと本体に対する脚の進行（ピッチ）方向および左右（ロール）方向の姿勢制御のため，それぞれ油圧アクチュエータを備えている．

油圧サーボ弁と空気圧制御弁をコンピュータで制御することで直立姿勢と移動の制御を行う．TV 映像では，ロボット単独でホッピング動作をしながら移動するほか，横にした長い竿の先にロボットを支持し，ロボットがとんぼ返り

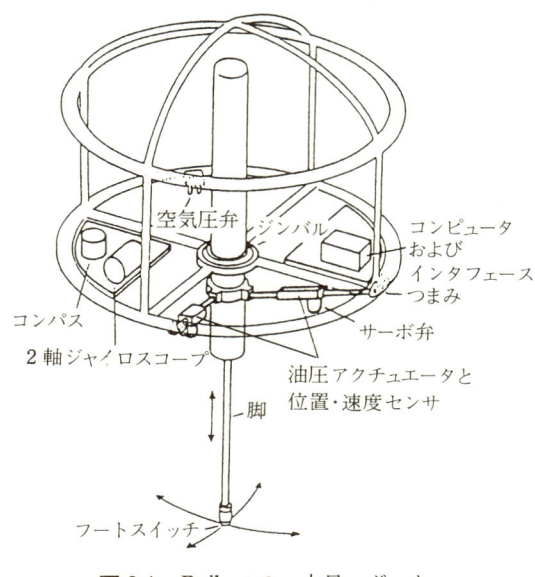

図 3.1 Raibert の一本足ロボット
（ラベル：空気圧弁、ジンバル、コンピュータおよびインタフェース、つまみ、コンパス、サーボ弁、2軸ジャイロスコープ、油圧アクチュエータと位置・速度センサ、脚、フートスイッチ）

をして一本足で着地し，中心軸のまわりをかなり速い速度で回転することもやっていた．

ホッピング動作ができる一本足ロボットは本当に素晴らしく，その後のロボット研究に与えた影響は計り知れない．著者らは，そのような派手な動作ではなく，子供の頃に誰でもやったことのある雨戸乗りをイメージして一本足ロボットで動歩行を実現したいと思った．

3.2 一本足ロボット

3.2.1 一本足ロボットのコンセプト

足底面積の極端に小さい移動の例として，バレリーナのようなつま先立ち，竹馬または梯子を利用した歩行（移動）が上げられる．これらの歩行は1点（または2点）支持で行われ，接地面積が小さいため ZMP（Zero Moment Point）[80] を接地面内にとどめることが困難となり，動的歩行をすることになる．

実際の歩行では，直立状態を維持するためにつねに足踏みを繰り返し，左右方向には定常的に揺動を行いながら前後方向の傾きに対して浮いた方の脚（遊脚）を傾いた方向に踏み出すことで姿勢の安定を図っている．さらに熟練者の場合には，上体の傾きを利用して任意の方向への移動を行うことができる．

竹馬による歩行をロボットで完全に再現することは機構も制御法も複雑になると考えられる．特に，支持脚切換えに伴う接地時の衝撃がロボット本体のバランスを保つ上で大きな問題となりそうである．そこで，支持脚を切り換える

代わりにエッジを円弧状に加工した板を垂直に立て，エッジで本体を支持しながら左右方向に足踏みする（jigging）ことで接地点を移動させる機構を考案し，支持脚切換えとほぼ等価な動作を実現した．

3.2.2 機構，動作およびセンサ

開発した一本足ロボットの機構と安定・不安定方向を図3.2に示す[81]．この一本足の下端に回転自由に取り付けた円弧状の足があり，その狭いエッジで接地する．エッジは長さ方向と厚さ方向にともに曲率をもつので，床面とはほぼ点で接触すると考えることができる．正面図に示す脚部の扇面，すなわち左右（ロール）方向の曲率半径 R_{L0} は本体の重心の高さよりも大きい．この左右の運動（揺動）を以後，安定方向の運動と呼ぶ．

側面図に示した脚の厚さ方向，すなわち進行（ピッチ）方向の曲率半径 R_{L1} は本体の重心の高さに比べて十分小さい．この前後方向への運動を以後，非安定方向の運動と呼ぶ．本体下部に内蔵したモータにより下肢を腰部の関節で安定方向に揺動させることで接地点を左右に移動させ，足踏み動作と等価な運動を行う．

本体上部に内蔵したもう一つのモータで本体上部に取り付けた制御用ロータ（以後，ロータ）を回転させる．これより本体および下肢を垂直（ヨー）軸まわりに回転させることができる．これと同じロータは，同じ目的のために前章で述べた一輪車でも使われたが，もともとこの一本足ロボットのために開発したものである．

ロータを前述の足踏み動作と協調して回転すれば，浮いた足を踏み出す（遊脚を移動

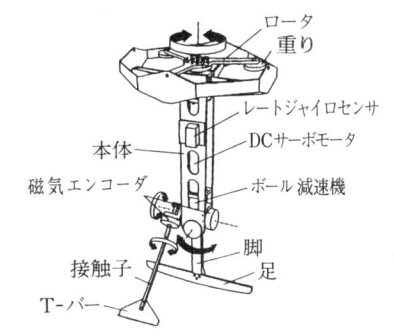

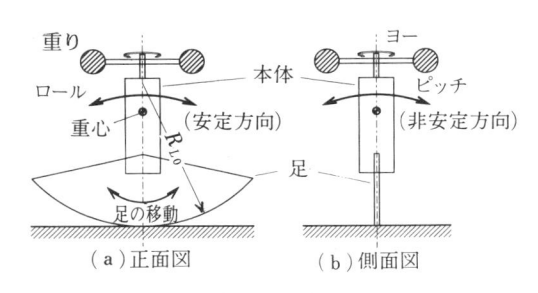

図3.2 開発した一本足ロボット

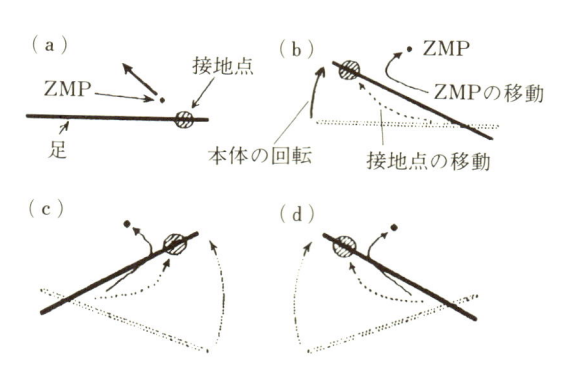

図 3.3　接地点と ZMP (Zero Moment Point) との関係

する) 動作が可能となる．この歩行動作の接地点とZMPとの関係を図3.3に示す．下肢を定常的に揺動しているため，ロボットは安定方向にはほとんど傾かないが，非安定方向にはつねに傾き，ZMPは接地点から離れて行く〔図3.3 (a)〕．下肢の揺動と本体の回転を協調させることにより，脚を踏み出して接地点を移動させる〔図3.3 (b)〕．こうして，接地点がZMPを追いかけ追い越すことで転倒を防ぎ，姿勢を安定化しつつ移動が実現する〔図3.3 (c), (d)〕．

図3.4に各パラメータの定義を示す．実機の質量は 4.7 kg, 全高 590 mm である．本体内部には，アクチュエータとして，DCサーボモータが2個搭載されている．本体上部で軸を垂直にして回転するロータのハブには等配置された3本のスポークが延びており，回転軸中心から半径 125 mm のところに各 150 g の重りが付けられている．

図3.2で，本体左から突き出て床と接触している棒は本体傾き角検出用の接触子である．これは，直交した2軸で構成され，各軸にロータリエンコーダが付けられている．接触子先端のT字バーは，つねに床面にならって滑りながら移動す

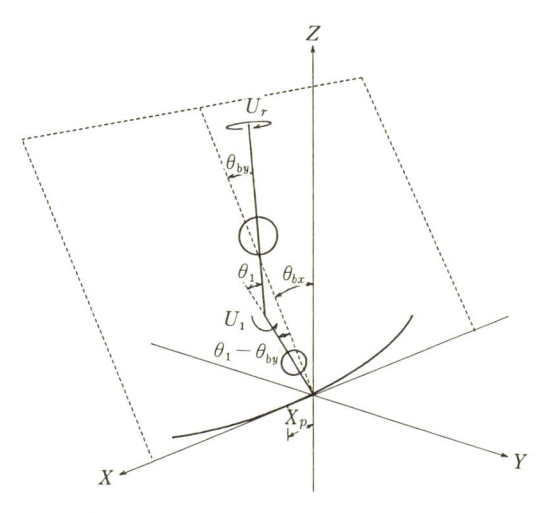

図 3.4　ロボットのリンクとパラメータの定義

るため，本体が傾くとエンコーダが回転し安定方向傾き角 θ_{by}（図 3.4）および非安定方向傾き角 θ_{bx} が検出できる．接触子は，本体の動作に影響を与えないように本体に比べて十分軽く，テフロンテープにより床面との接触摩擦を小さくした．

本体傾き角検出のため磁気エンコーダ（分解能 $2\,048 \times 4$ p/rev）を用いた．本体上部のモータは減速比 1/10 でロータを駆動し，角度の分解能は 5 000 p/rev，下部のモータは減速比 1/20 で下肢を駆動し，分解能は 10 000 p/rev で，これと本体の安定方向傾き角 θ_{by} の差から足の接地位置 X_p も検出することができる．

3.2.3 一本足ロボットの歩行（移動）と運動制御

(1) 足踏み動作の制御則

一足移動ロボットが倒れないために，つねに足踏みが必要である．すなわち，ロボットは安定した揺動を続けなければならないが，歩行制御の際のロータの回転による足の踏み出しは左右方向の外乱となる．そこで，外乱に強い足踏み運動について考える．下肢を本体に固定し（$\theta_1 = 0$），さらに図 3.5 のように足の部分を二重にして非安定方向には傾かないように運動を拘束する．

こうして，本体を安定方向に傾けた状態から放してロボットを自由振動させた実験結果を図 3.6 に示す．図から本体の固有振動数は約 0.9 Hz であることがわかる．したがって，本体の制御時の振動数が固有振動数に近い場合には発振を起しやすく，定常的な揺動が難しくなるため，これより十分高い振動数で揺動を行う必要がある．外乱によって系全体が固有振動数付近で振動を起すことを防ぎ，上体および脚を直立姿勢に保つように θ_{by}，θ_1 とそれぞれの角速度をフィードバックするこ

図 3.5 足を二重にして非安定方向の運動を拘束したもの

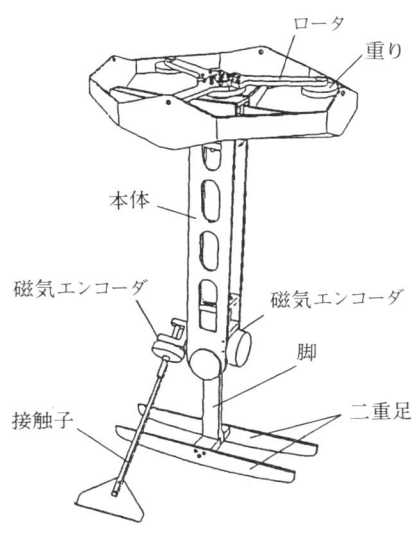

とにして，下肢揺動モータの制御トルク U_1 を式 (3.1) で与えた．

$$U_1 = A_1 \sin\omega t + K_b \theta_{by} + K_{vb}\dot{\theta}_{by} + K_1 \theta_1 + K_{v1}\dot{\theta}_1 \qquad (3.1)$$

ここに，A_1：下肢トルク，ω：下肢揺動角速度，K_b：本体安定方向傾き角 FB ゲイン，K_{vb}：本体安定方向傾き角速度 FB ゲイン，K_1：下肢曲げ角 FB ゲイン，K_{v1}：下肢曲げ角速度 FB ゲインである．

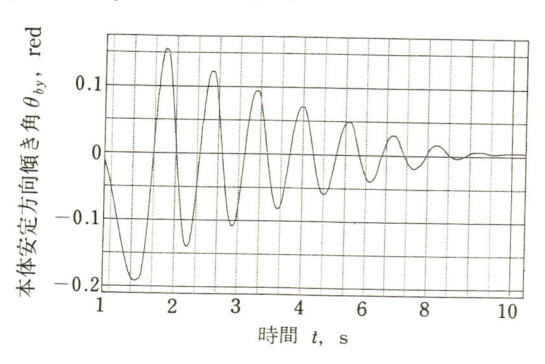

（2）直立姿勢安定化制御

図 3.6 本体の自由振動の減衰

制御により，接地点は左右方向に周期的に移動する．足は接地しているため，このままでは前後方向，すなわち非安定方向に倒れてしまうので，本体上部のロータを用いて浮いている足の部分を接地点を支点として回転し，上体が非安定方向の傾いた側に踏み出して接地することで転倒を防ぐ．

これで，今まで接地していた足は浮き上がる．今度は，浮いた足が接地点を軸として傾いた方向に回転するようにロータを回転させる．この動作を繰り返すことで，足はジグザグにピッチ方向に少しずつ前進し，本体姿勢もほぼ鉛直状態に保たれる．

その際，ロータには接地点の本体中心軸からの距離 X_p に比例した制御トルクを与える．理由は，接地点が本体中心軸に近いときには接地点を通る垂直軸まわりの慣性モーメントが小さくなるので，大きなトルクをロータに与えると，本体が必要以上に回転するためである．本体の非安定方向の傾き角およびその角速度に比例した回転トルクを本体に与えることとし，ロータの制御トルク U_r を式 (3.2) で与える．これより，本体の非安定方向傾き角 θ_{bx} が反転したらロータのトルクも反転する．接地点位置が反転，すなわち支持脚が代わった場合にもトルクが反転し，上述の脚とロータとの協調動作が実現できる．

$$U_r = X_p(K_r \theta_{bx} + K_{rvb}\dot{\theta}_{bx}) \qquad (3.2)$$

ここに，X_p：接地点位置 $= R_{L0}(\theta_1 - \theta_{bx})$，$K_r$：本体非安定方向傾き角 FB ゲ

イン，K_{rvb}：本体非安定方向傾き角速度 FB ゲインである．

（3）一本足ロボットの歩行（移動）実験結果

足踏みと姿勢安定実験結果を述べる．サンプリング時間はすべて 0.5 ms である．

一本足ロボットの直立制御実験を行った結果を図 3.7 に示す[81]．図によれば，脚とロータを協調制御することで姿勢を安定させている．傾き角が小さい場合，大きな場合に比べてロータの制御トルク U_r は小さい．図でロータ制御トルクと脚の曲げ角 θ_1 との関係に注目すると，本体非安定方向傾き角 θ_{bx} が正の場合は同位相で，負の場合には逆位相となっている．これから，本体非安定方向の傾き（θ_{bx} の符号）に従って足を踏み出す方向を切り換え，姿勢を制御している様子が確認できる．

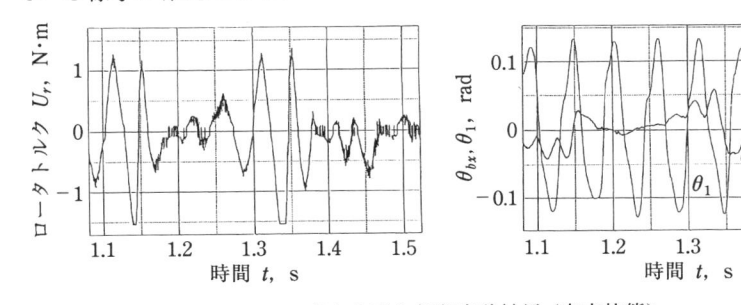

図 3.7 直立安定化制御実験結果（安定状態）

（4）ロータの作用，本体のひねりと移動方向制御

ロータ動作がロボットの姿勢に与える影響と本体のひねりに関して三次元シミュレーションと実験を行い，新しい知見を得た．上体を大きく動かすことなく姿勢を安定させる足踏みの振動数の範囲を明らかにし，ピッチ方向の姿勢安定に対するゲインの安定領域を調べた[82),83)]．一本足ロボットを任意方向へ移動させる方向制御についても実験を行った[84)]．

3.3 樽乗りロボット

サーカスのピエロや熊などのように，球や樽に乗って姿勢の安定を保ちながら任意の場所まで移動できる玉（樽）乗りをロボットにやらせてみたいと思った．玉乗りとするか樽乗りとするか議論した結果，平行二輪車をアクチュエー

タとして玉の動作範囲を鉛直面内に限定した樽乗りロボットを開発することにした．

これは，円筒の上に乗った平行二輪車がその制御アームを使って落下することなく指定された位置まで移動するロボットである．研究を担当した卒論生は半年足らずで設計から実験までやって国際会議でも発表した[85]．

3.3.1 樽乗りロボットのメカニズムと設計
(1) 樽乗りロボットのメカニズム

製作したロボットを図3.8に示す[86]．本ロボットは，円筒，その上に乗ったロボット本体，本体の傾きを設定する車輪と本体に取り付けた一対の制御アーム（腕）で構成されている．腕は，サーボモータAでボール減速機を介して駆動され，本体姿勢を制御する．

これは，腕をもつ平行二輪車[33]の車輪を取り外して，円筒を駆動するため円周上の3個所にそれぞれ2個の車輪を取り付けたものである．円筒は，丸太やドラム缶に相当し，プーリ（直径φ325 mm）を2個，中心を通る軸で組み合わ

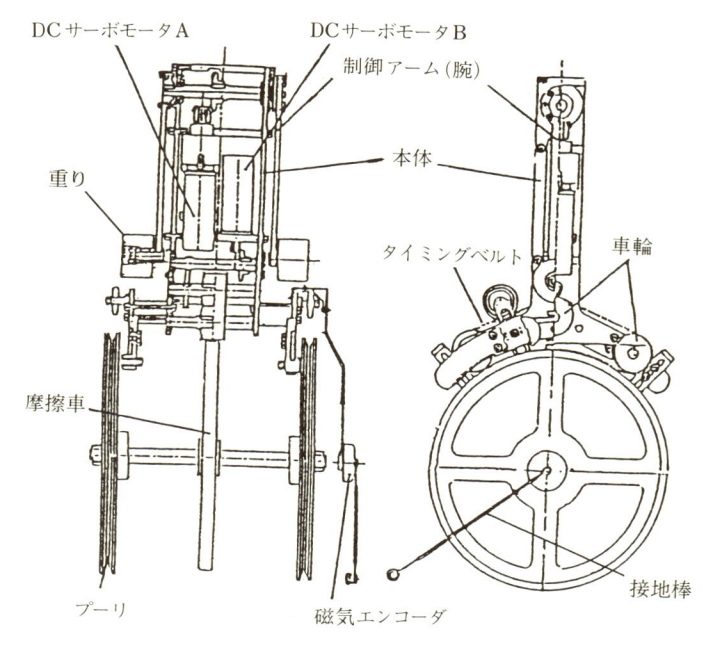

図3.8 製作した樽乗りロボット

せたもので，中央には摩擦車（直径 φ310 mm）が付けられている．本体内部にあるもう一つのサーボモータ B の出力軸は下向きとなっており，歯車減速機を介してタイミングベルトを回転させ，ベルトの歯で摩擦車を駆動することで円筒を回転してロボット全体の移動を生ずる．

以上の構造から，ロボット本体は円筒には固定されず，摩擦で接触しているだけであるので，円筒面に沿って自由に滑ることができる．

（2）センサ

センサは，各モータのロータリエンコーダ（分解能 500 p/rev）と本体傾斜角検出のため，磁気エンコーダ（分解能 1 024 p/rev）1 個を用いている．図 3.8 に示したように，磁気エンコーダのハウジング部分を円筒の中心軸と一致するように取り付け，軸から突き出た接触子先端を地面に接触させている．本体が鉛直線に対して傾くと接触子がエンコーダ軸を回転させて傾斜角度を検出する．

（3）動作の説明

円筒上で本体の姿勢を安定させるため，腕と車輪を動作させて安定化制御を行う．本体傾斜角の検出結果を用いて制御則を演算し，制御入力を腕駆動用モータと車輪駆動用モータに出力する．円筒を任意の位置まで走行させるには，まず車輪を用いて本体姿勢を安定化するように制御する．

腕を動かして合成重心[36)]を任意の位置に移動させることができるので，本体が安定な状態で腕を動作させて合成重心を移動すれば，その方向に本体を傾けることができる．本体が前傾姿勢になったとき，車輪を動かして本体の傾き角を 0 とするように制御すれば，円筒（樽）は回転して走行を始める．制御にはパソコンを用い，サンプリング時間は 2.5 ms と 3.0 ms とした．

3.3.2 制御則と実験結果

（1）姿勢安定のための制御

ロボット本体は，制御動作を加えなければ円筒から転がり落ちる．つまり，本体は円筒に対して自由に回転できるので，系は不安定となる．腕と車輪を用いて制御動作を行うことにより本体を安定化する．平行二輪車の姿勢安定に有効であった X 射影合成重心 FB 制御を応用する．

本体姿勢安定のため，水平面に射影した本体と腕の合成重心位置 X_g と円筒

の中心との偏差とその速度を腕にフィードバックし，同時に本体傾き角 θ_2 と
その角速度を車輪にフィードバックする．

腕の制御入力　　：$U_a = -K_{gp} X_g - K_{gv} \dot{X}_g$ (3.3)

車輪の制御入力：$U_w = -K_{bp} \theta_2 - K_{bv} \dot{\theta}_2$ (3.4)

X射影合成重心と本体傾き角を同時にフィードバックする場合には，腕の制御入力に式(3.3)に加えて本体傾き角と角速度もフィードバックする[86]．

(2) 腕を用いた制御，腕と本体を用いた制御

最初に腕を走行させたい方向にある角度まで振り上げて合成重心位置を前方に移動すると，本体に重力による回転モーメントが作用するため走行方向に傾く．本体姿勢を回復するため，車輪が回転して円筒を転がす運動が発生し，結果的にロボットは指定した方向に移動する．腕と本体を用いる場合，振り上げた腕の角度を一定に保持すると本体は傾くので，車輪を回転させて本体の姿勢安定化を行うことで円筒に回転トルクを与えて走行を続ける．図3.9に，腕と本体を用いた走行制御法を模式的に示す．

腕を用いて円筒の速度と位置を制御し，目標距離を与えて走行実験を行った．初期設定の違いにより走行開始速度にばらつきがあっても，以上に述べた制御によって目標位置に確実に到達することができた．

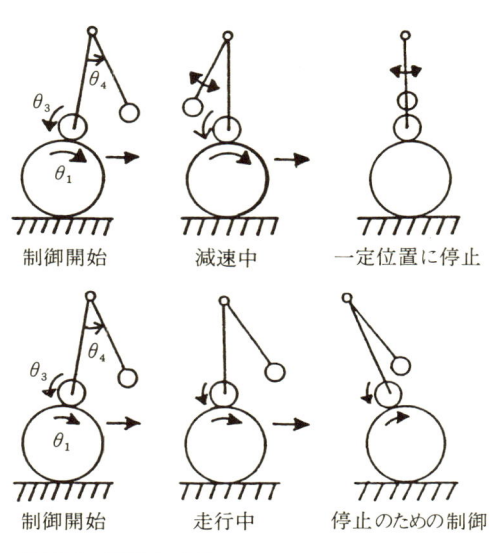

図 3.9 両腕と本体を用いた走行制御のモデル

3.4 床運動ロボット

床運動ロボットは曲率をもつ3個のリンクを直列に結合して両端のリンクを同時，または交互に一定振動数と振幅で振動させることで生ずる系の励振を利

用してさまざまなユニークな運動が実現できる．

樽乗りロボット[86]と床運動ロボット[87],[88]は，いずれもノンホロノミックなロボットである．床運動ロボットはリンクの数よりも少ないアクチュエータで，励振作用を利用してユニークな運動を生ずることから，この種の非駆動関節をもつ運動機構は UAM（Under-Actuated Mechanism）[14]と呼ばれている．

この系は，アクチュエータに指令を与えるだけでは一意に位置を決めることができない．そのため，センサ情報を用いてフィードバックすることが必要である．著者らが行った1985年度のローダアームの研究と1987年度のブランコの励振では，いずれも2リンクの系を1モータで制御した．後者はブラキエーション（brachiation：猿が木の枝を伝って移動する動作）によって雲梯を渡る「綾渡りロボット」（第4章）などへと発展することになった．1990年度から始めたのが床運動ロボットである．

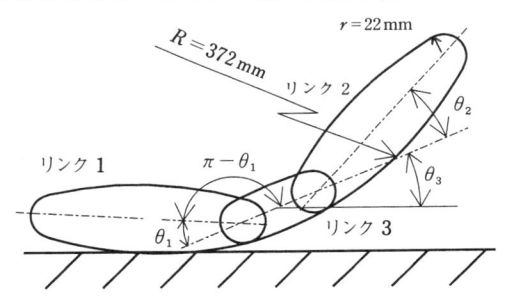

図3.10 床運動ロボットと角度の定義

3.4.1 床運動のアイデアと干渉を利用した動作

リンクの数よりも少ないアクチュエータをもつ系のダイナミックな干渉を利用した運動制御は，

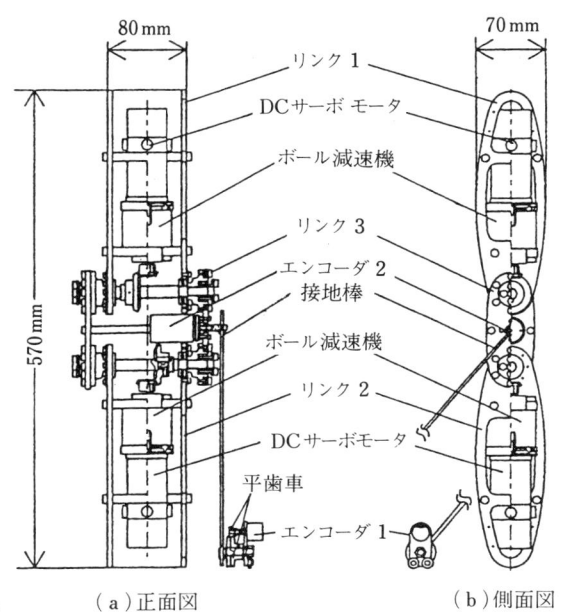

（a）正面図　　（b）側面図

図3.11 製作した床運動ロボット（直立状態）

まだ理論的にも未知の部分があり，応用面でも未開拓の分野が多い．雲梯渡りロボットを開発したあとで，これを床の上で行わせることはできないかと考えたのが床運動ロボットのアイデアである．

リンク動作の干渉と運動の増幅作用を積極的に利用することで，床の上をさまざまな形態で移動したり，面白い動きができる床運動ロボットを検討した．そして，学生のアイデアで幅方向に大きな曲率をもつ3個のリンクを直列に回転自由に結合し，2個のアクチュエータをもつロボットを開発した．

床運動ロボットのコンセプトを図3.10に示す．これは，中央リンクの両側に結合された2個のリンクは同じ形状をもち，一端は自由である．両端のリンクを中央リンクに対してある一定角度（$\theta_2 = -\theta_1 = 0.501$ rad）に保つことにより，全体が同じ曲率をもつ円弧状となる．本ロボットは，横転状態から両側のリンクを揺動させることにより，全体を共振させて起立したり，起立状態から床に倒れ込むと同時に起立時の位置エネルギーを利用して再び起立するなどの動作ができる．

図3.11に，直立状態のロボット実機を示す[87]．外側のリンク1，2は中央のリンク3に対して回転することができる．各リンクは幅方向に大きな曲率半径R（$= 372$ mm）をもち，両端の小さな曲率半径r（$= 22$ mm）の円弧と滑らかにつながっている．リンク1，2はいずれも1個のDCサーボモータ（40 W）を内蔵しているが，リンク3はアクチュエータをもたない．

3.4.2 床運動ロボットのユニークな運動

本ロボットで試みた運動を図3.12，図3.13に示す．図3.12は，リンク1，2を同時または交互に強制的に振動させて，

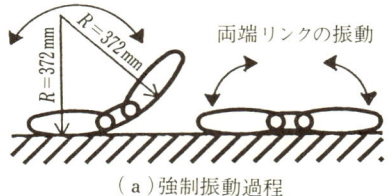

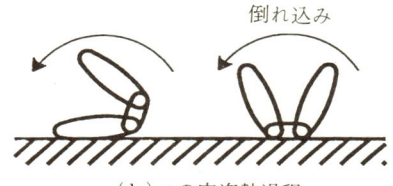

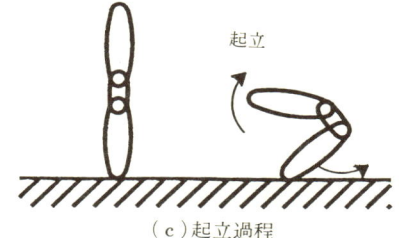

図3.12 横臥状態からの起立

3.4 床運動ロボット　69

横臥状態から一気に起立させる．図 3.13（a）は直立状態から転倒し再び起立，図 3.13（b）は連続回転による移動，図 3.13（c）はぜん動運動による移動，図 3.13（d）は段差登り（障害物乗り越え）を示す．最終状態が直立する図 3.12，図 3.13（a）では，直立に近い状態まではできたが，3 リンクを一列に直立して静止させることはできなかった．

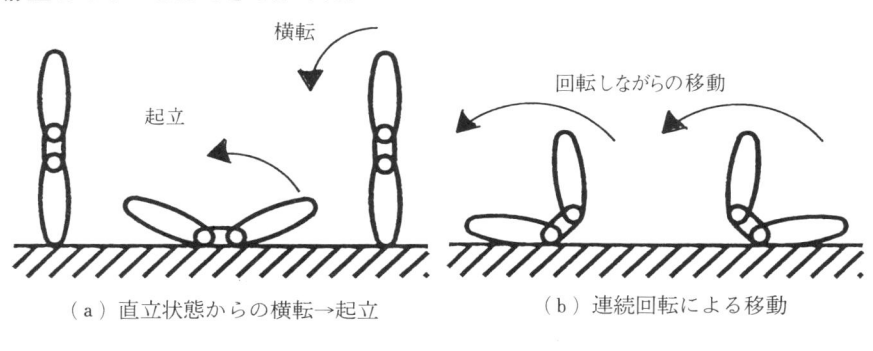

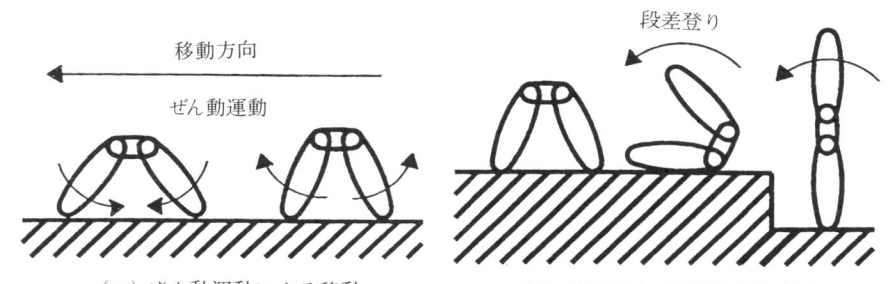

（a）直立状態からの横転→起立

（b）連続回転による移動

（c）ぜん動運動による移動

（d）段差登り（障害物乗り越え）

図 3.13　床運動ロボットのいろいろな動作

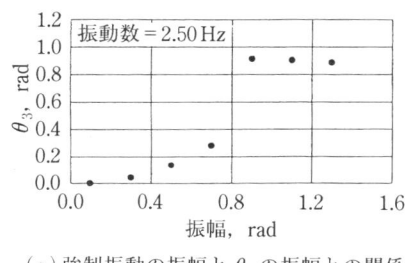

（a）強制振動の振幅と θ_3 の振幅との関係

（b）強制振動の振動数と θ_3 の振幅との関係

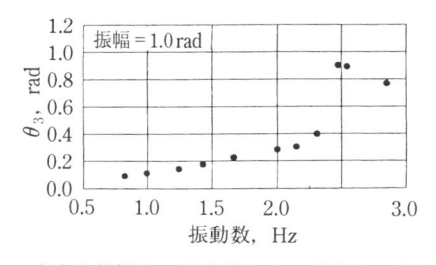

図 3.14　床運動ロボットのシミュレーション結果

(1) 強制振動のシミュレーションと実験

運動方程式から，各リンクと地面の接地点半径により七つのモデルを作り，接地点位置によって切り換えてシミュレーションと実験を行った[88),89)]．強制振動の振幅と振動数を変化させてシミュレーションした際のリンク3と地面がなす角度 θ_3 との関係を図3.14に示す．制御則は式（3.5）で与えた．

$$U_i = K_p[0.5A\{\sin(\omega t - 0.5\pi) + 1\} - \theta_i] + K_d\{0.5A\omega\cos(\omega t - 0.5\pi) - \dot{\theta}_i\} \tag{3.5}$$

ここに，U_i：リンク1，2に搭載したモータの制御トルク（$i = 1, 2$），A：リンク1，2の強制振動の振幅，ω：リンク1，2の強制振動の角速度，K_p：位置FBゲイン，K_d：角速度FBゲインである．

シミュレーション結果から，強制振動の振幅と振動数をそれぞれ 1.0 rad および 2.5 Hz と選べば，振幅を最大にすることができると考えられる．この結果を用いて，安定状態から強制的に振動させてコの字の姿勢に移行し，さらに一直線に直立するまでのシミュレーション結果を図3.15に示す．

安定状態から全体を起立させるために，両端のリンクを同時に振動させる場合と交互に振動させる場合の双方についてシミュレーションした．いずれでも起立できるが，リンク1，2を交互に振動させた方が直立に要する時間が短い[88)]．実験でも同じ結果を確かめた[89)]．

表示時間間隔 0.08 s

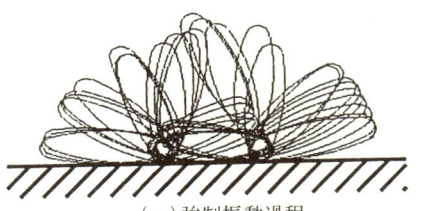

（a）強制振動過程

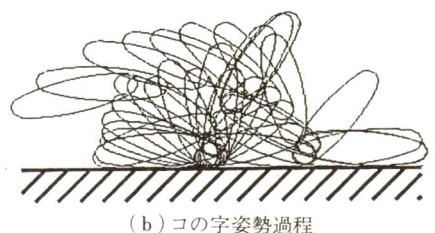

（b）コの字姿勢過程

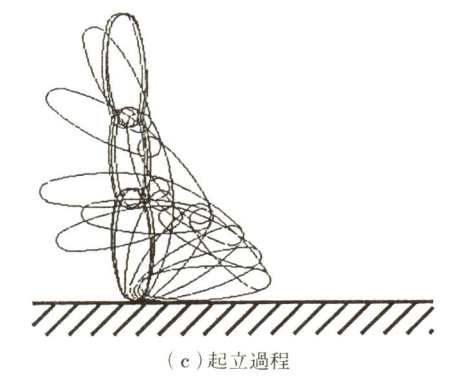

（c）起立過程

図3.15 床運動ロボットの安定状態からの起立（シミュレーション）

(2) ぜん動運動と段差登り

リンク1と2の自由端をつねに接地し,リンク3を上方に支えた状態でリンク1,2を脚として協調動作させることでロボットを移動させることができる.リンク1,2を外側に開いたり閉じたりする動作で,各リンクの接地面に生ずる反力の大きさを変化させることができる.

その結果,リンクと地面間の摩擦力に差を生じ,これを利用したぜん動運動(peristaltic motion)によるロボットの移動ができる.床運動ロボットのぜん動運動による移動の概念と実験結果を図3.16に示す.この場合の平均移動速度は220 mm/min であった.

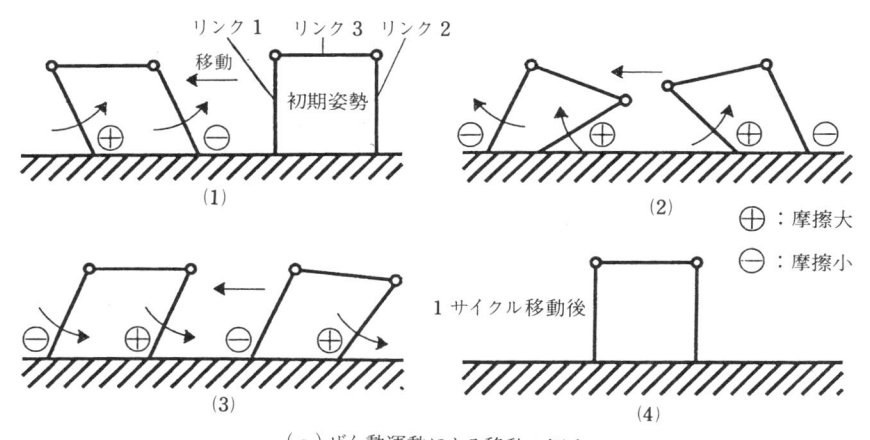

(a) ぜん動運動による移動の概念

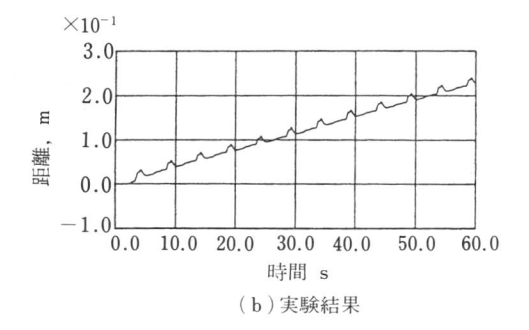

(b) 実験結果

図3.16 ぜん動運動による移動と実験結果

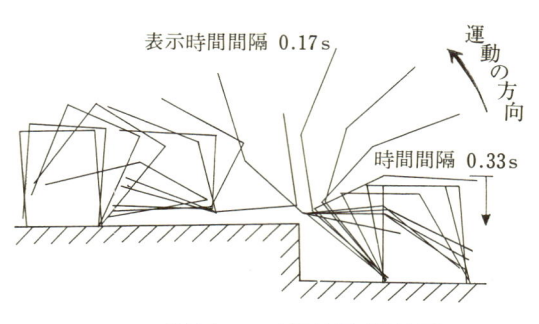

図3.17 段差登りの実験結果（棒線図）

転倒-起立動作の制御によって，本ロボットは転倒する際の位置エネルギーを利用して再び起立状態に移行することが可能となった．転倒-起立動作制御と同様に，ロボットは全体として円弧状の姿勢になって段差に上方から倒れ込み，その際に運動エネルギーを利用して回転し，最終的にリンク1,2の自由端を踏み面につけた姿勢に復帰する．

段差登りでもぜん動運動と同様にリンク1,2を動作するための制御軌道を実験的に求めて，これに追従させることによってむだのない動作を実現した．高さが120 mmの段差登りを実現した実験結果を図3.17に示す．

3.5 跳躍移動ロボット

バッタやカンガルーなどに似た跳躍移動をロボットで実現するため，跳躍移動ロボットを開発した[90]．図3.18は，"カンガルーの修理屋さん"ロボットのコンセプトで，修理道具を背負ったロボットがカンガルーのように不整地を跳躍移動し，着いたら道具を使って修理することをイメージしている[91]．

製作した跳躍移動ロボットを図3.19に示す．跳躍用の脚アクチュエータとして位置検出センサ付きエアシリンダ（ボア $\phi 32$ mm，ストローク200 mm）を2本用いた．シリンダの動作速度（最高速度3 m/s）を大きくすることにより，ロボットの初速度が大きくなり，最高跳躍高さは離陸時のピストンの速度によって決まる．

ロボットの重心まわり

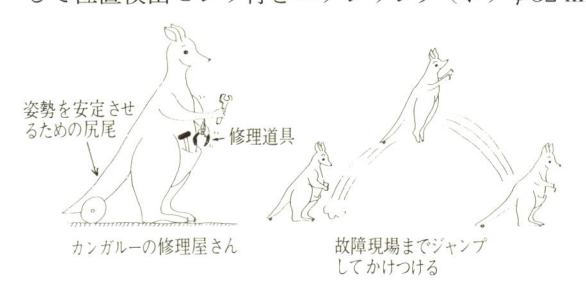

図3.18 跳躍移動ロボット"カンガルーの修理屋さん"

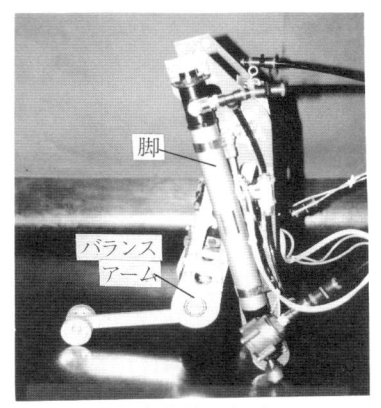

(a) 実機の写真

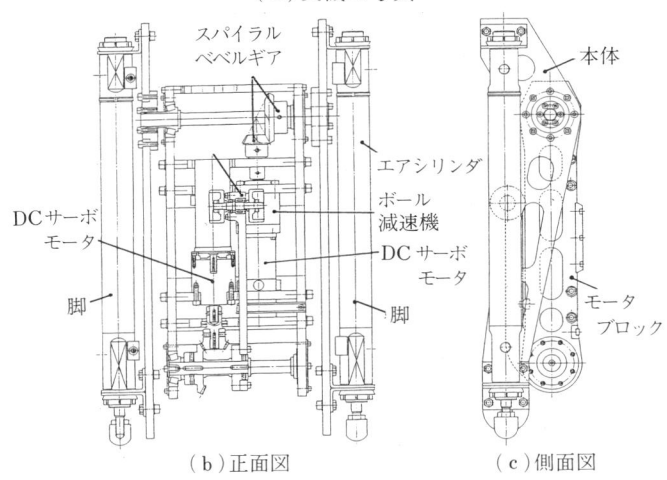

(b) 正面図 (c) 側面図

図 3.19　開発した跳躍移動ロボット

の回転による転倒を防ぐため，跳躍時には本体の重心がピストンロッドの移動線上にくるように姿勢制御する必要があるため，姿勢制御用にDCサーボモータを2個搭載している．一つは本体の姿勢制御，もう一つは前方に突き出たバランスアームの制御に用いる．バランスアームはカンガルーなどの尻尾に相当するもので，動物のそれと異なるところはロボットの後方でなく，前方で接地していることである．

　本ロボットで空気圧 0.58 MPa で 500 mm 以上の跳躍高さが得られた．跳躍

に必要な姿勢をあらかじめ各モータ軸の角度変位として計算し，これを目標値とする軌道に追従するように PID（比例・積分・微分）制御を行った．姿勢の目標軌道として変形正弦曲線[38]を用いてソフトウェアサーボ制御を適用したが，これは各モータの迅速で滑らかな駆動を実現するために非常に有効であった．連続跳躍移動のサイクルタイムは 4 s 以内であった．

3.6　ま　と　め

　動作がユニークな面白ロボットとして，研究室で議論しながら開発した 4 種類のロボットを紹介した．一本足ロボットは，雨戸乗りや竹馬に見られる日本の子供の遊びでやっている動歩行をロボットで実現したものであり，大変意義深い．樽乗りロボットは，日本古来の曲芸やサーカスなどの玉乗りを円筒乗りとして実現したもので，円筒に乗って制御するメカニズムは平行二輪車から借用したものである．

　床運動ロボットは，卒論で樽乗りロボットをやった学生のアイデアで始めたもので，卒論ではアイデアが出せなくても，面白ロボットと取り組んでいるうちに修士では大変独創的なアイデアを出すという素晴らしい事例である．跳躍移動ロボットは，不整地を跳躍して高速で移動することをコンセプトとして開発したが，小さな子供達には好評であった．

　跳躍移動ロボットや同機械に関する研究には，上述した Raibert[44] のほか，松岡[43] の先駆的な研究，中野・大久保ら[92]，Lapshin[93]，Koditschek，Buehler[94]，大久保・中野ら[95]，Rad, Gregorio ら[96] の研究がある．最近，マイクロマシンやマイクロロボットの跳躍移動[97]も研究されている．

第4章 雲梯渡りロボット

4.1 非駆動関節をもつメカニズム

　前章で述べた床運動ロボットは，直列の3リンクで構成され，二つの関節と二つのアクチュエータをもつ．その中の一つの関節だけを駆動してロボット全体に運動を起こすことができるが，このとき片方の関節は非駆動関節となる．床運動ロボットで，関節を一つまたは二つ駆動することで系の励振作用（excitation of vibration）を利用して，さまざまな運動を実現した[87]〜[89]．

　Bailieul[98]は，関節の数がアクチュエータの数よりも多いメカニズムをSuper-Articulated Mechanisms（SAM）と呼んだが，わが国では非駆動関節をもつメカニズムを Under-Actuated Mechanisms（UAM）[14]，特にこれがマニピュレータの場合には Under-Actuated Manipulator（UAM）[100]と呼ぶことがある．これらは，いずれもノンホロノミックと呼ばれる拘束をもつ力学系に属するが，SAM, UAM などは運動方程式や角運動量方程式などの動力学的な拘束がノンホロノミックとなる場合である．

　著者が初めて UAM を研究テーマとしたのは，1985年のローダアームにおいてである[101]．これは，品物を吊して水平に動くクレーンの一種で，タイミングベルトをモータで高速で駆動し，ベルトに固定したスライダに吊した棒またはチェーン（ローダアーム）に取り付けた負荷を残留振動なく，精密に位置決めすることを目的としている．ローダアームを駆動するアクチュエータはなく，アームはスライダに回転自由に取り付けられているだけであり，モータ1個の動きでスライダ位置とアームの角度の両方を制御する．

　本章では，励振作用を利用してユニークな運動ができるブランコ（二重振子），雲梯渡りロボット（空中移動ロボット）および折りたたみ式ロボットと称する非駆動メカニズム（UAM）をもつロボットについて述べる．

4.2 ブランコ（二重振子）の振動

4.2.1 ブランコにおける励振現象

1987年の卒業研究で，「励振機構をもつブランコの振動に関する研究」を行った．当時，振動工学の講義を担当していたので，図4.1に示す二重振子を製作し，上方の振子にDCサーボモータを搭載して下方の振子を駆動すれば，ブランコの励振現象をデモンストレーションすることができると考えた．振動工学は古い学問であり，二重振子もブランコも研究し尽くされているとは思ったが，場所と費用が少なくて済み，教材の役には立つだろうと考えた．

後で知ったが，これは典型的なUAMであり，そのユニークな振動現象をシミュレーションと実験の双方で体験することができた[102]．励振現象を利用することで，床運動ロボットやブラキエーションによる雲梯渡り（空中移動）ロボットの研究などへと発展させた．

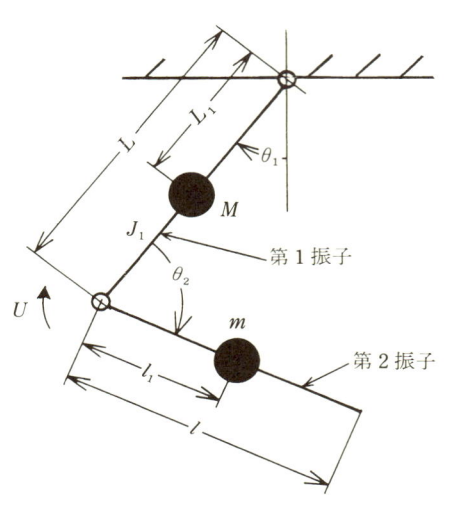

図4.1　ブランコのリンクモデル

ブランコは，上方の固定点から吊るされた数自由度の系で，内力によりその一部を動かすことでパラメータ励振（parametric oscillation）を起こし，振幅ばかりでなく振動数も変化させることができると考えられる．

4.2.2 実験装置と方法

ブランコのリンクモデル（図4.1）において，上方のリンクを第1振子，下方を第2振子と呼ぶ．図中の記号は次のとおり．

M：第1振子の質量（8.2 kg）　　　　m：第2振子の質量（1.05 kg）

θ_1：第1振子の鉛直線からの傾き角度　　θ_2：第1, 2振子がなす角度

L：第1振子の長さ (0.21 m)　　l：第2振子の長さ (0.145 m)

L_1：第1振子の支点から重心までの距離　l_1：第2振子の重心位置 (0.09 m)
(0.11 m)

J_1：第1振子の重心まわりの慣性　　j_1：第2振子の重心まわりの慣性
モーメント　　　　　　　　　　　　　　モーメント

U：入力トルク

アクチュエータとして減速機（減速比1/110）付きDCサーボモータ（18 W）を第1振子の下端に取り付けて第2振子を駆動する．センサとして第1振子の角度検出のため，その上端の回転支持軸にロータリエンコーダ（分解能1 000 p/rev）を取り付け，θ_2はモータ直結のエンコーダ（分解能500 p/rev）で検出する．

計算で求めた系の固有振動数（f_n = 1.1 Hz）を含むいくつかの振動数と振幅で第2振子を駆動する実験を行い，シミュレーション結果と比較した[102]．

4.2.3 運動方程式とシミュレーション

図4.1から，各振子の運動方程式は式 (4.1), (4.2) となる．

$$A\ddot{\theta}_1 + C\ddot{\theta}_2 + D\dot{\theta}_1\dot{\theta}_2\sin\theta_2 + D\dot{\theta}_2^2\sin\theta_2 + E\sin\theta_1 \\ - F\sin(\theta_1+\theta_2) + D\dot{\theta}_1\theta_1 = 0 \quad (4.1)$$

$$B\ddot{\theta}_2 + C\ddot{\theta}_1 - D\dot{\theta}_1^2\sin\theta_2 - F\sin(\theta_1+\theta_2) + D\dot{\theta}_2\theta_2 = U \quad (4.2)$$

ここに，A, C は θ_1，θ_2 の関数である非線形係数，その他は定数である．第1振子は非駆動リンクであるので，式 (4.1) の右辺の入力トルクはゼロとなり，これが動力学的なノンホロノミックな拘束条件となる．

式 (4.2) の U は第1振子に搭載したモータの出力トルクである．第2振子の角速度と振幅を変化させ，シミュレーションを行った．

4.2.4 実験とシミュレーション結果の比較

シミュレーションで求めた固有振動数は約1.0 Hzで，計算および実験結果に近い．実験とシミュレーション結果を比べると多少異なる点もあるが，むしろ一致する点が多いので，以下には実験結果のみ述べる．

ブランコの振動には，大きく分けて非発振モード，追従モード，縮退モード，安定モードの四つがある．このほかに偏振モードが現れることがあるが，これはモータなどから延びた電線の影響による．

図4.2にこれらの振動モードの分布を，図4.3～図4.6に各振動モードの実験結果を示す[102]．非発振モード（図4.3）では，第2振子を駆動しても，第1振子はほとんど動かない．追従モード（図4.4）は第2振子に追従して小さく振動する．縮退モード（図4.5）は，最初に大きく励振を受けるが時間が経つにつれて安定振動に移行する．安定モード（図4.6）では振幅がある大きさまで成長した後，一定振幅を保って振動を持続する．

各振動モードに対する系の重心位置の時間的変化，つまり軌跡を

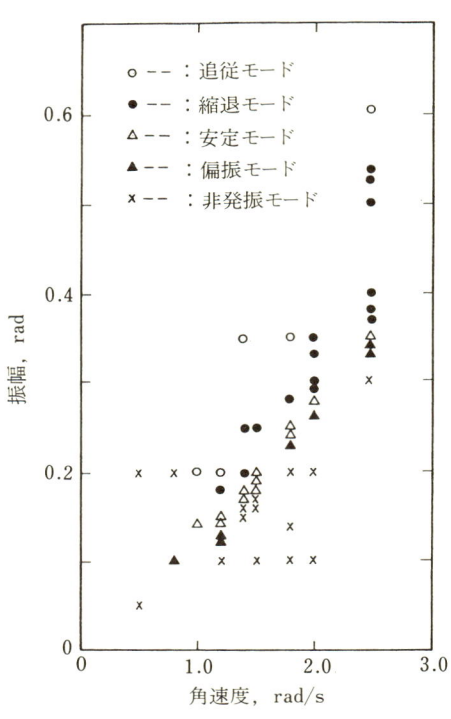

図4.2 振動モードの分布

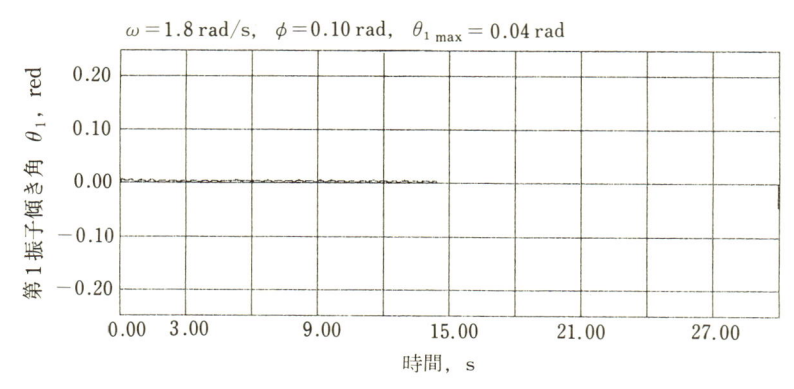

$\omega = 1.8$ rad/s, $\phi = 0.10$ rad, $\theta_{1\,max} = 0.04$ rad

図4.3 非発振モードの実験結果

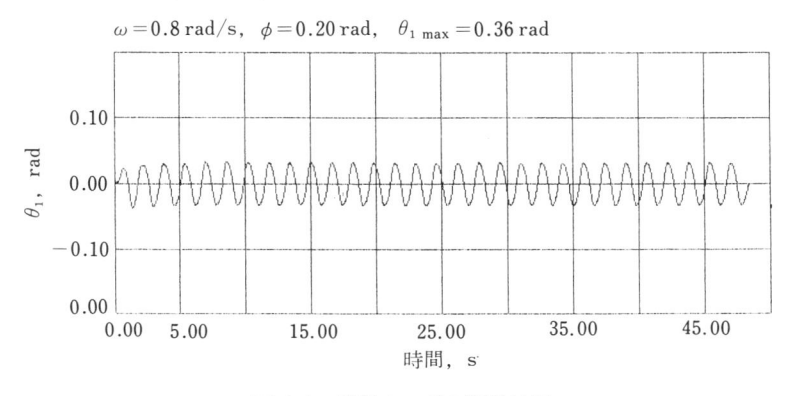

図 4.4　追従モードの実験結果

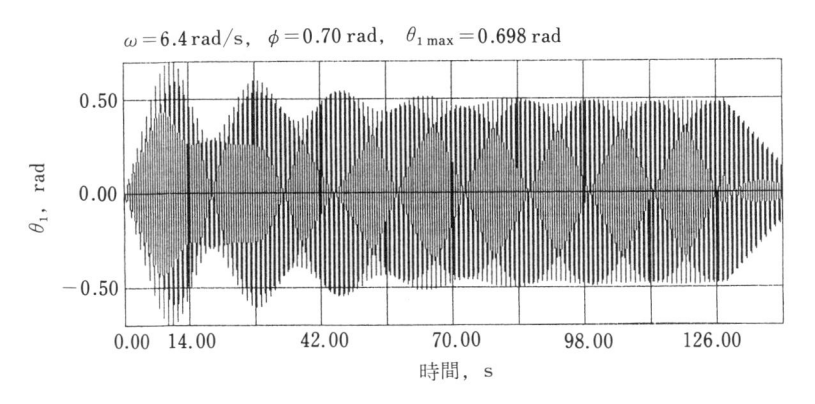

図 4.5　縮退モードの実験結果

観察したところ，振動モードによって軌跡は特徴的な図形を描く．実験で第1振子の振幅が最大となるのは，振動数比（第2振子の振動数/固有振動数）が1の強制振動の場合と3の近傍で，シミュレーション結果とも一致する．特に，振動数比が1の場合には，第2振子の振動の振幅を大きくすることによって，ブランコは水平な位置を越えて大きく振動する．

4.3 雲梯渡りロボットの開発と運動シミュレーション

　ブランコの励振現象の実験から，第2振子を水平より高く振り上げることができることを確かめた．この結果を利用すれば，体操選手が鉄棒を使って大車

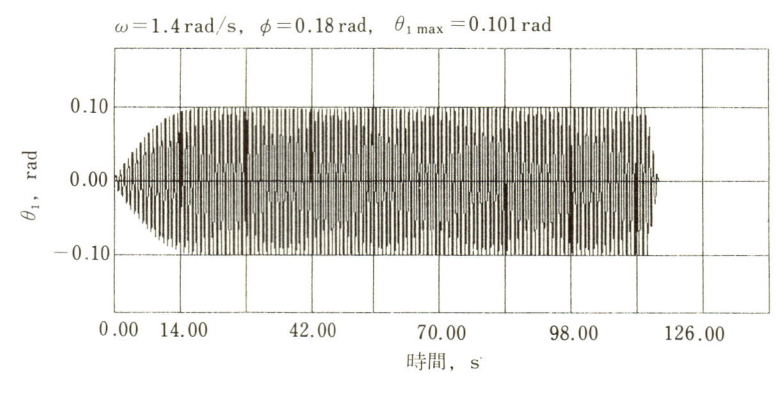

$\omega = 1.4\,\mathrm{rad/s},\quad \phi = 0.18\,\mathrm{rad},\quad \theta_{1\,\mathrm{max}} = 0.101\,\mathrm{rad}$

図 4.6　安定モードの実験結果

輪を演技するように全体を回転させることもできると考えられる．

　ブランコの励振作用を利用して，何か面白いロボットはできないかと考えていた 1987 年，たまたま銀座の松屋デパートで開催された「からくり人形展」を見に行った．そこには，江戸時代に尾張地方で作られ，現在も神社のお祭りなどで演じられるからくり人形が多数，展示・実演されていた．とりわけ興味をもったのは，愛知県津島市の津島神社の祭りに奉納される「綾渡（あやわた）り人形」である[103]．

　これは，明清時代の中国服に似た扮装をした唐子（からこ）が山車の天井から紐で吊り下げられた 3 本の綾棒を伝ってバック転をしながら移動する大変ダイナミックで見ごたえのあるからくりである．綾渡りでは，小学校の校庭によく見られる雲梯と同じく水平な棒（綾棒）が一定ピッチで並んでいるが，雲梯と違うところは 3 本の水平な横棒のうち，中央の棒だけは他の 2 本に比べて少し高いところに設定されていることである．

　人形と綾棒は完全に分離した状態で綾渡りをするので，動かし方に興味をもって台の下にもぐり込んで覗いてみた．内部には二人のからくり師がおり，紐を使って操作すると人形はバック転して器用に 3 本の綾棒を渡り，最後の棒に両手でぶら下がっていた．見事な演技を見たとたん，ブランコの励振作用を利用してロボットで綾渡りを再現することはできないかと考えた．こうして，翌年（1988）の卒業研究から空中移動ロボットとして研究を始めた[104]．

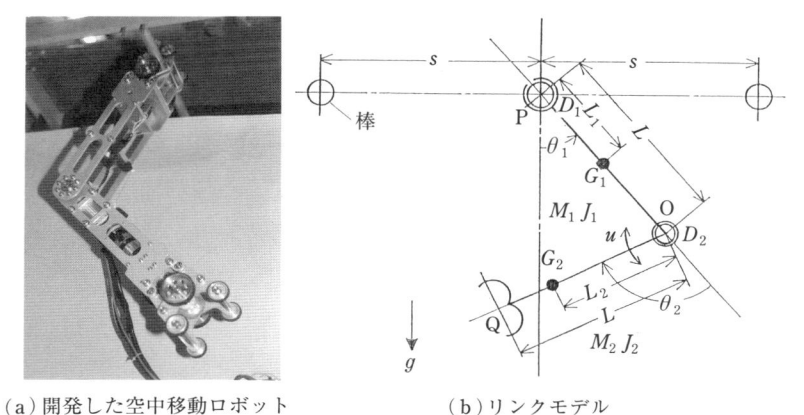

4.3 雲梯渡りロボットの開発と運動シミュレーション　　81

(a) 開発した空中移動ロボット　　(b) リンクモデル

図 4.7　開発した空中移動ロボットとリンクモデル

4.3.1　空中移動ロボットの構成と移動

図 4.7 に開発した雲梯渡りロボットとそのリンクモデルを示す[105]．それは，同じ長さの 2 本の棒（振子）の一端を回転自由に結合し，他端にはグリッパを取り付けたものである．二つのリンクのうち，一方だけに減速機（減速比 1/18）付きの DC サーボモータ（60 W）を搭載した．

これは，ブランコと同じく 2 リンク，1 モータの単純な系で，励振作用とマイコン制御により水平な雲梯を伝って空中を移動するロボットである．各リンク先端にはロータリエンコーダ（分解能 2 048 p/rev）付きのグリッパが取り付けられ，隣の棒をつかめる状態まで系が励振されたとき，グリッパを棒に衝突させて把握する．グリッパが棒をつかんだときにロボットが自重で落下しないように，グリッパを閉じるための戻りばねとプッシュプルソレノイド駆動のストッパが設けてある．

4.3.2　励振シミュレーション

空中移動ロボットの運動方程式〔式 (4.1)，(4.2)〕について，励振のシミュレーションを行った[105]．図 4.8 は，第 2 振子を振動周期 1.49 s，振幅 0.7 rad で加振したときのシミュレーション結果である．図によれば，第 2 振子の定常的な正弦振動にもかかわらず，第 1 振子に誘起される振動の振幅は非常に小さい．モータのトルクにも大きな変化は見られず，励振は不十分である．

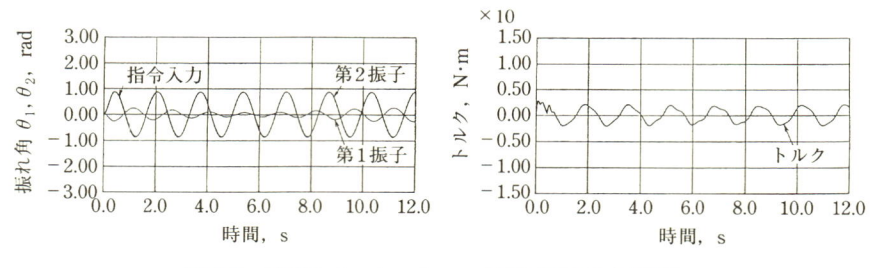

図 4.8 励振シミュレーション結果（不十分な励振）

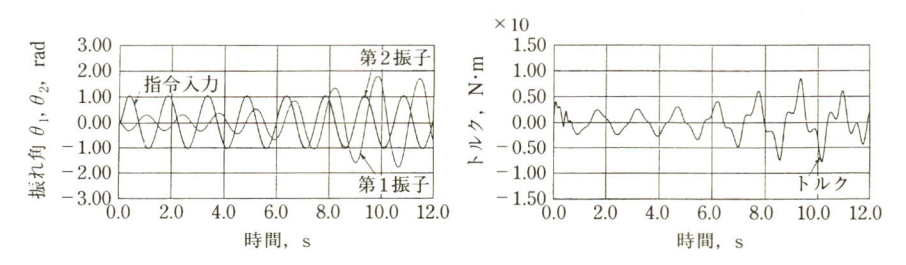

図 4.9 励振シミュレーション結果（十分な励振）

第2振子を振動周期 1.39 s，振幅 0.87 rad で加振したときのシミュレーション結果を図 4.9 に示す．このとき，第2振子の定常振動に対して第1振子の振幅は時間とともに成長し，ついには第2振子の振幅よりも大きくなる．そして，第1振子先端に結合した第2振子先端は水平よりも上方に振り上げられるので，これは隣の棒をつかむのに十分な励振である．

このように，シミュレーションで十分な励振が生じる振動周期と振幅を見つけて第2振子を駆動すれば，雲梯渡りロボットの空中移動が実現できると考えられる．振動周期と振幅を変化させて，十分な励振が起こる条件を調べたところ，周期は 1.26〜1.61 s，振幅は 0.82〜1.29 rad の範囲にあることを確かめた．

4.3.3 位置制御による雲梯渡り動作シミュレーション

雲梯渡りロボットに効率よく励振を起こすため，第2振子の目標軌道として図 4.10 に示す次の四つの制御軌道を与えた[105]．

① 立ち上がり軌道

第2振子の立ち上がり時の制御入力トルクを小さくするための余弦軌道

② 発振軌道

第1振子を発振させるための正弦軌道で，振幅は立ち上がり軌道の2倍である．指令周期は，第2振子を正弦軌道で振動させ，系が効率的に発振するもので，シミュレーションと予備実験により，周期 1.39 s，振幅 0.87 rad とした．

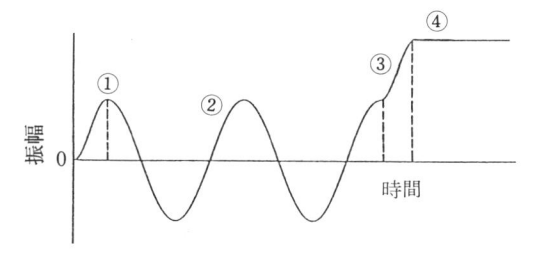

図 4.10　第2振子の目標軌道（位置制御）

③ アプローチ軌道

第2振子をアプローチ角（両腕が隣り合う棒をつかんだ状態）に到達させるための余弦軌道で，発振軌道が最大になったところから始まる．

④ 角度保持軌道

第2振子をアプローチ角に保つための角度が一定の軌道

4種類の制御軌道を切り換える目的は，第1振子の励振状態をパソコンで監視しながら，ロボットを励振によってアプローチに必要な動作へとスムーズにかつ短時間で移動させることのほか，制御入力トルクを大きくしないためである．位置制御では，制御トルクは式 (4.3) で与えられる．

$$U_i = K_p(\theta_{2ri-1} - \theta_{2i-1}) + K_v(\dot{\theta}_{2ri-1} - \dot{\theta}_{2i-1}) \tag{4.3}$$

ここに，θ_{2r}：第2振子の指令角度，$\dot{\theta}_{2ri}$：第2振子の指令角速度，K_p および K_v：フィードバック (FB) ゲイン，i：時刻 i における角度の値である．

上記の位置制御を用いて，ロボットを2ピッチ分だけ移動させるシミュレーションを行った結果を図 4.11（サンプリング時間 3 ms）に示す．図 (a) は第2振子の振れ角 θ_2 の時間的な変化を示し，図 (b) はリンクの動きを棒線図で示す．図によれば，初期位置 A_1 から始動し，A_2，A_8 を経て B_1 で隣の棒をつかみ，次に最初につかんでいた棒を手放すと同時に励振を始めて B_{10} で2ピッチ先の棒に達している．図 (a) では，A_1 から B_1 への移動には 5.25 回の励振を要したが，B_1 からスタートする場合には，1.5 回の励振で到達している．理由は，後者では初期位置での位置エネルギーを利用できるためである．

本シミュレーションでは，A_1 から始動するときモータは上（第1振子）にあり，B_1 からスタートする際には下（第2振子）にあったが，いずれでも励振が

(a) θ_2 の時間的変化

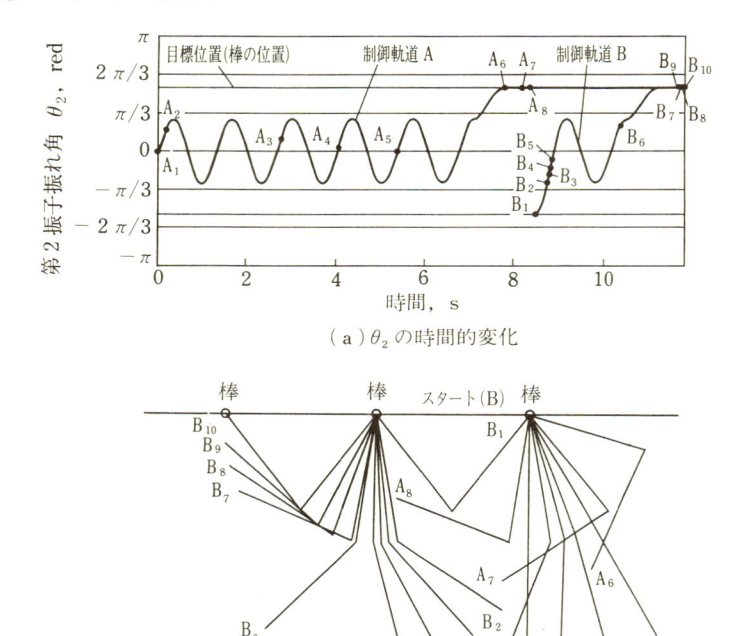

(b) リンクの動きの棒線図

図 4.11 位置制御によるロボットの綾渡りシミュレーション結果

生じた.このことは実験でも確かめた.容易に理解できるように,A_1 から始動するときモータが下のリンクにあれば,上にある場合に比べてアプローチに必要な振動回数は増加する.

4.3.4 トルク制御による雲梯渡り動作シミュレーション

ロボットの雲梯渡り実験から,位置制御では偏差を小さくすることは困難であることがわかった.角度と角速度偏差を小さくできない場合,励振効率は悪くなり,アプローチ軌道に到達するまでの振動回数と時間が多くかかる.そこで,指令値を位置からトルクに切り換えることとし,図 4.12 に示すトルクをモータに直接与えた.

同図のトルク指令軌道 ①,② は $t=0$ から図 4.10 の位置制御の発振とアプローチ軌道に相当する正弦波で与え,③ および ④ は図 4.10 における ③ と ④

を改良したものを指令値とした．これより，トルク制御ではスタートからアプローチまではトルクが滑らかな正弦曲線で与えられることになる．

位置制御とトルク制御によって綾渡り動作をシミュレーションした結果を 図4.13

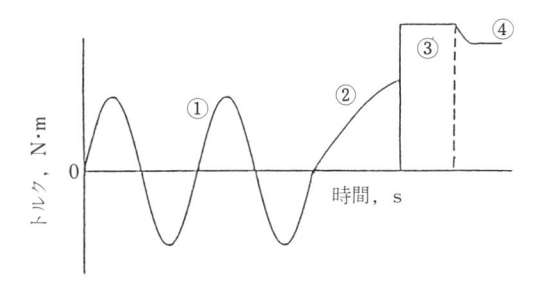

図4.12 トルク指令曲線

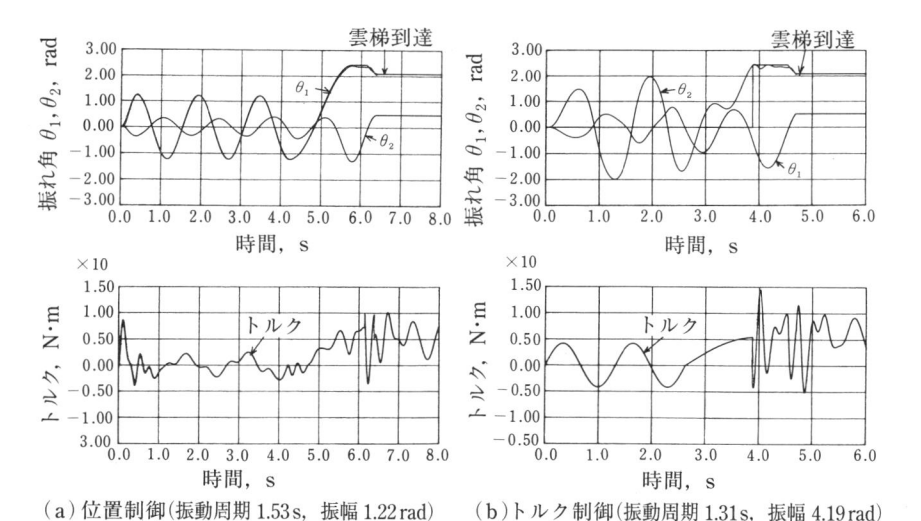

(a) 位置制御 (振動周期 1.53 s, 振幅 1.22 rad)　(b) トルク制御 (振動周期 1.31 s, 振幅 4.19 rad)

図4.13 綾渡りシミュレーション

に示す．前者の振動回数は 3.25 回であるのに対して，後者では 2.25 回であり，移動に必要な振動は 1 回だけ少なくなっている[106]．

4.4 空中移動ロボットの雲梯渡り実験[105)~107)]

シミュレーション結果に基づいてロボットの雲梯渡り実験を行った．

4.4.1 位置制御による雲梯渡り

式 (4.3) と最適振動条件 (振動周期 1.39 s, 振幅 0.87 rad) を用いて実験を行った結果 (サンプリング時間 2 ms) を 図4.14 と 図4.15 に示す．いずれも図

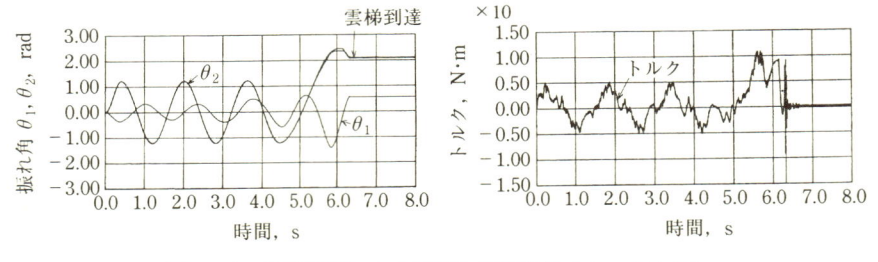

図 4.14 位置制御による綾渡り実験結果（モータは上）

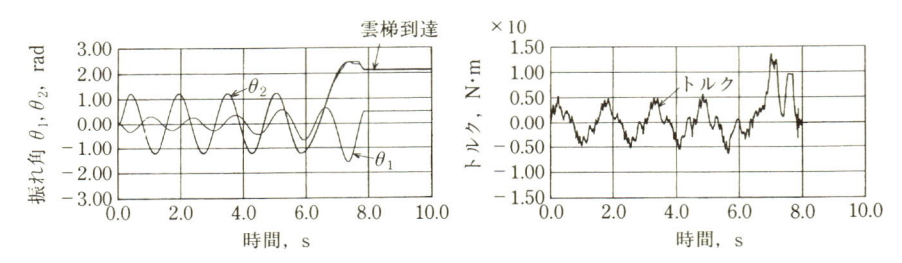

図 4.15 位置制御による綾渡り実験結果（モータは下）

4.11 (b) の A_1 から動き始めるが，図 4.14 ではモータは上にあり，図 4.15 では下にある．

モータが上の場合，振動回数は 3.25 回，下の場合は 4.25 回で棒に到達する．後者では始動時の位置エネルギーが小さいので，振動回数が 1 回多い[106]．

4.4.2 トルク制御による雲梯渡り

モータのトルクを図 4.12 の曲線で与えて実験した結果を図 4.16 に示す[107]．これは，モータが上方にあり，トルクの振動回数は 2.25 回で隣の棒に

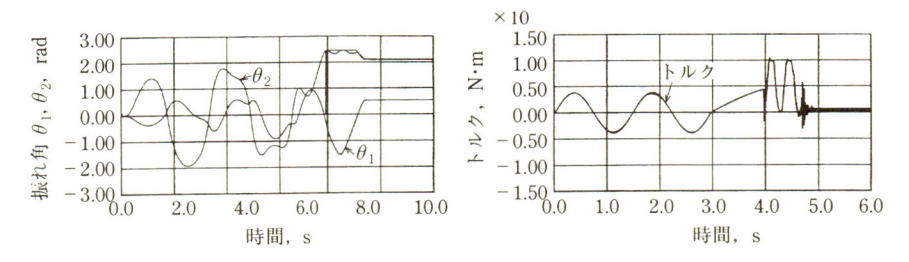

図 4.16 トルク制御による綾渡り実験結果（モータは上）

到達している（棒をつかむまでの時間は4.7 s）ことを示している．

トルク制御曲線を改良し，図4.17のトルク曲線を与えた場合，図4.18に示すように短時間で，しかもモータ位置にほとんど関係なく約3.3 sで雲梯渡りができ

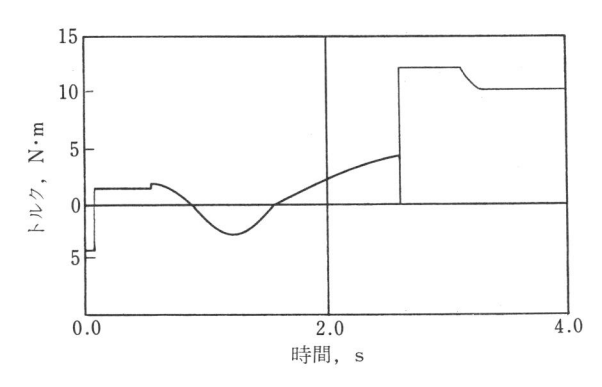

図4.17　改良したトルク曲線

ることを確かめた．この場合，周期的な励振は見られず，わずかな振りでいきなり棒に到達するように見え，まだ面白い現象があるように思われる．

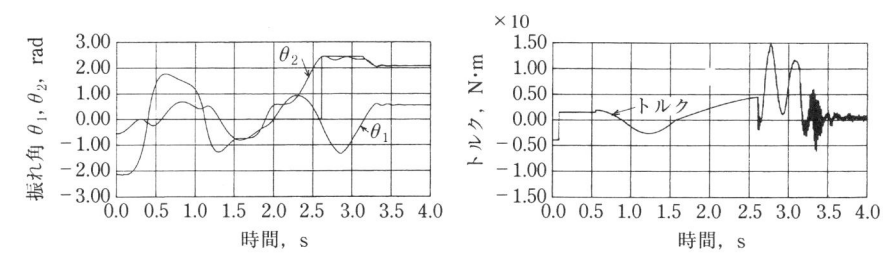

図4.18　図4.17のトルク曲線を用いた綾渡り実験結果

4.5　ブラキエーションを利用した移動ロボットの研究

振動工学の教材に使うことを目的として，2リンク・1モータのブランコの研究を行い，励振作用（excitation of vibration）に注目して，雲梯渡りや床運動などの運動を実現するロボットへと発展させたが，現在では重要な研究分野となっている[108]．

1987年当時は，Under-Actuated Mechanisms（UAM）もノンホロノミック拘束も日本では誰も知らず，著者はブランコなどの非駆動関節の励振をリンク間干渉による駆動（干渉駆動）と考えており，想定した力学系はMathieu方程式で表されるパラメータ励振であった．

山藤・福島らが1989年，雲梯渡りロボット[104]を研究発表したとき，福田・近藤[109]もブラキエーション型移動ロボットを発表したので驚いた．後者は，猿の両手を各2リンク，体と足を2リンクのY字状7リンクでモデル化し，「振子の原理」を利用して猿の枝渡り（brachiation）を実現しようというものであり，動作シミュレーションだけを行っていた．両者は，励振現象を利用するということでは同じである．

1990年，雲梯渡りロボットの第2報[110]を研究発表したところ，同じ講演会で福田・斉藤ら[111]も著者らとまったく同じ2リンク構成の雲梯渡りロボットを発表した．その後も2リンクのブラキエーション型空中移動ロボットの研究が行われている[112]〜[114]．

4.6 折りたたみロボット

1988年度の卒業研究で，直列に3リンクを回転自由に取り付けて天井から吊した折りたたみロボットを開発した．これは，図4.19に示すように三重振子の構造をもち，第1振子上端を天井に回転自由に支持し，先端にある第3振子の内部に搭載したモータを駆動することで系に励振を起こして，全リンクを第1振子内に折りたたんだり，それから一気に伸長するなど，さまざまな動作を行わせるものである[115]．

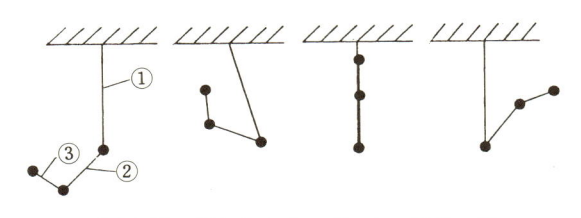

図4.19 折りたたみロボットの動作の例
（モータは第3振子のみに搭載）

これも雲梯渡りロボットと同じで，リンクの駆動のために適切な制御軌道を用いれば，全リンクを一つに折りたたむことができる．この系で大車輪に近い動作ができることを確かめた．大車輪を行う鉄棒ロボットについては，高島・池田の実験的研究[116]がある．

4.7 ま と め

　非駆動関節をもつロボットとして，ブランコ，雲梯渡り移動ロボットおよび折りたたみ式ロボットを紹介した．著者らが1987年に始めた研究がさまざまな方向へと発展し，多数の研究者の参入により新しい学問分野が形成されつつあることに満足している．

　才能に恵まれた若手研究者は世界をリードする，自分しかできない研究で新しい分野を開拓するという意欲をもって，だれもやったことがない研究テーマに挑戦して欲しいと願っている．

第5章 猫ひねりロボット

5.1 猫ひねり動作

　猫の四肢をつかんで背中から落としても，猫は空中で回転して足から着地することができる．これを"猫ひねり"といい，だれでも知っているが，物理的にどのような原理に基づいているのか不思議に思ってきた．1984年から研究対象を産業用ロボットから非産業用ロボットに変えたときに考えたテーマの一つが，**猫のひねり動作を解明し，その原理を応用してロボットで猫ひねりを実現すること**であった．

　研究の背景を説明すると，さまざまな自律移動ロボットが開発されているが，ほとんどは地表面移動形であり，空中を自由に移動できるものは少ない．猫ひねり動作を応用した空中ロボットを開発すれば，高層ビルや大規模プラントなどの災害救助にも，一般の運搬や作業にも利用できると考えられる．

　研究の目的は，**① 猫ひねり動作を解明し，② 猫ひねりをロボットで実現し，③ 足から噴射する高圧ガスを制御してムササビのように滑空し，④ 任意の場所に軟着地できる空中ロボットを開発する**ことである．

　毎年，研究室に配属される学生に猫ひねりをやろうと提案したが，やりたいという学生は現れなかった．猫ひねりに興味をもつ学生でも，原理を解明することは難しいし，ロボットにやらせるなんて難しすぎると思ったのかも知れない．

　1989年，研究室で初めて博士後期課程に進学した学生が，自分では研究テーマがなかなか見つけられなかったので，猫ひねりを提案して半ば強制的にやってもらった．テーマが決まって約1カ月後には，ロボット学会の講演会に研究発表を申し込み，第一近似としてすぐにも実現できそうな猫の足だけをひねって足から着地するものを提案した[117]．

　ここで，猫ひねりについて述べた既往の諸説を紹介すると，
（1）猫は尻尾を振って身体全体を回転する．
（2）猫が落下する際に，足を握っている人間の手を蹴り，その反動で回転する．

(3) 前脚を身体につけ，前半身の慣性モーメントを小さくして，前足とともに前半身をねじる．前半身が適当に回ったとき，前足を下へ突き出し（前半身の慣性モーメントを大きくして），後脚を回転軸に近づけ（後半身の慣性モーメントを大きくし），後半身をねじる[118]．

(1) の説明は尻尾を切った猫でも猫ひねりができることで否定され，(2) はつかんだものを蹴らないようにしても猫ひねりできる，(3) は猫の動きを捉えている部分もあるが，十分ではない．

Kane, Scher[119]は，猫の前後半身を二つの円柱でモデル化し，それらが同方向に回転することによって猫ひねりが可能なことをシミュレーションで示した．小佐・上村ら[120]は，外力によって生ずるひねり（慣性ひねりという）と内力に基づくひねり（非慣性ひねり）とを重ねて行うときの角運動量保存について検討し，外力トルクには無関係な実験装置を用いて内力だけでトランポリンの非慣性ひねりと同様なひねりが生ずることを示した．

Froehlich[121]は，体操などの人間の運動を解析し，初期角運動量がゼロでも宙返りが可能であることを明らかにした．1989年12月，大阪の茨木市にある摂陵中学でトランポリンの上方2.6 mに水平に渡したはしごに両手両足でぶら下がった生徒が猫ひねりを試みていることが報じられ[122]，この中学で人間による世界初の猫ひねり実験に成功した[123]．

足利[124]は，猫の宙返りをシミュレーションで実現した．河村・山藤ら[125]は，猫ひねり動作の解明を行い，その原理を応用して1991年初めにロボットによる猫ひねりに成功した．

中村[99]は，システムの力学的構造が積分不可能な拘束条件を構成する場合の運動，すなわちノンホロノミックな運動について考察し，猫ひねり，飛込みやトランポリンなどの体操，宙返りや宇宙遊泳などがノンホロノミックなシステムになると述べている．

5.2 猫ひねり動作の解析

猫の前後半身のモデル化に関して，Kane, Scher[119]の二円柱モデルを利用して，猫ひねり動作を解析する．図5.1に，そのモデルを示す[125]．二円柱は，つねに $\theta_{s1}=\theta_{s2}(=\theta_s)$ となるように結合され，両円柱の慣性主軸 Z_{s1}, Z_{s2} の

第5章 猫ひねりロボット

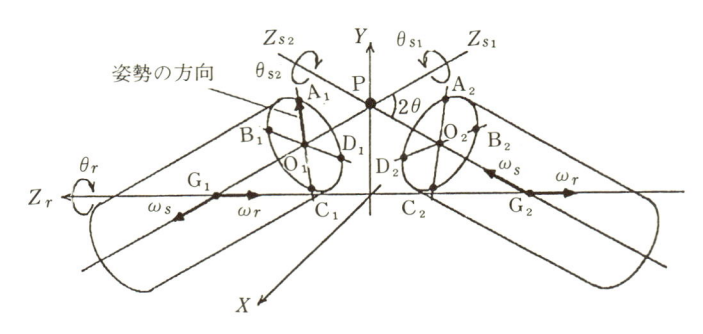

図5.1 2円柱モデル

なす角 2θ は一定で変化しないものとする．

　二円柱の重心を通る軸を Z_r とする．モデルの Z_r 軸に関する角運動量は式 (5.1) で与えられる．すなわち，初期状態では角運動量をもたず運動の間に外力は働かないものとすれば，角運動量は保たれる．

$$2I_r \omega_r + 2I_s \omega_s \cos\theta = 0 \tag{5.1}$$

ここに，I_r：円柱の Z_r 軸回りの慣性モーメント，I_s：円柱の Z_{s1}，Z_{s2} 軸回りの慣性モーメント，r：Z_r 軸回りの角速度，s：Z_{s1}，Z_{s2} 軸回りの角速度である．

　猫が行う運動は，Z_{s1}，Z_{s2} 軸回りの回転 ω_s だけであり，その結果として Z_r 軸回りの回転 ω_r が生じると考えられる．ω_r と ω_s による一対の回転に基づくモデルの姿勢ベクトルの方向変化を表す角 $\Delta\theta_c$ は，式 (5.2) に示すように Δt 時間における体の回転角の変化となる．

$$\Delta\theta_c = \Delta\theta_s - \Delta\theta_r = \omega_s \Delta t - \omega_r \Delta t = \left(1 + \frac{I_s}{I_r}\cos\theta\right)\Delta\theta_s \tag{5.2}$$

　式 (5.2) は，Z_{s1}，Z_{s2} 軸の回りの回転が存在すれば，外力やトルクが働かなくても，Z_r 軸回りに両円柱の新しい回転運動が生ずることを示している．そして，Z_r 軸の回りの点 P の回転を引き起こす各主軸の回りの円柱の運動はモデルの回転運動，すなわち **"猫ひねり"** を生ずることになる．各円柱の回りの回転を猫の尻振り運動と呼び，Z_r 軸回りの点 P の回転を猫ひねりと呼ぶ．

　特に，直円柱の場合には猫ひねり角 $\Delta\theta_c$ は式 (5.3) となる．

$$\Delta\theta_c = \left[1 - \frac{\cos\theta}{1-\{0.5-2(a/r)^2/3\}\sin^2\theta}\right]\Delta\theta_s \tag{5.3}$$

ここで，猫ひねり率を，

$$R_t = \frac{\Delta\theta_c}{\Delta\theta_s} \tag{5.4}$$

と定義すれば,

$$R_t = 1 - \frac{\cos\theta}{1-\{0.5-2(a/r)^2/3\}\sin^2\theta} \tag{5.5}$$

ここに，r：円柱の断面の半径，$2a$：円柱の長さである.

図 5.2 に式 (5.5) の関係を示す[125),126]. 縦軸は，猫ひねり率を横軸は背骨の曲げ角 θ を表す．縦軸の 0.5 が猫ひねりによる 180° の回転に相当する．

図から，**痩せた猫では背骨の曲げ角が小さくてよく，太った猫には大きな曲げ角が必要になる．これから，痩せた猫は太った猫に比べて猫ひねりが容易であると考えられる．**

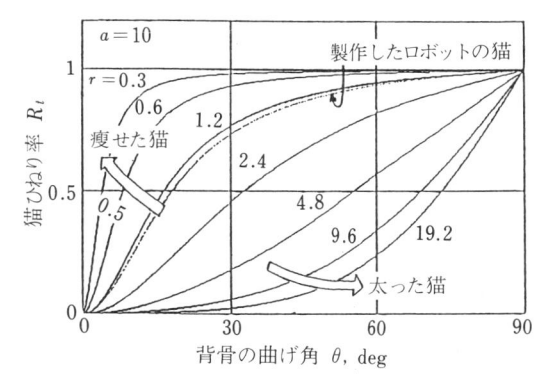

図 5.2 猫ひねり率と背骨の曲げ角との関係

5.3 猫ひねりロボットの開発と制御法

5.3.1 猫ロボットの開発

開発した猫ロボットを図 5.3 に示す．全長 880 mm，全質量 4.5 kg で，角柱状の前胴体と後胴体，それらを連結するフレキシブルな背骨部分からなる．各胴体の内部には 1 組の拮抗筋と空気圧制御回路を搭載している．

2 組の拮抗筋は，互いに 90°をなすように配置し，4 本のワイヤにより背骨の曲げ角を制御する．製作したロボットの前後胴体は，$a = 0.23$ m，$r = 0.03$

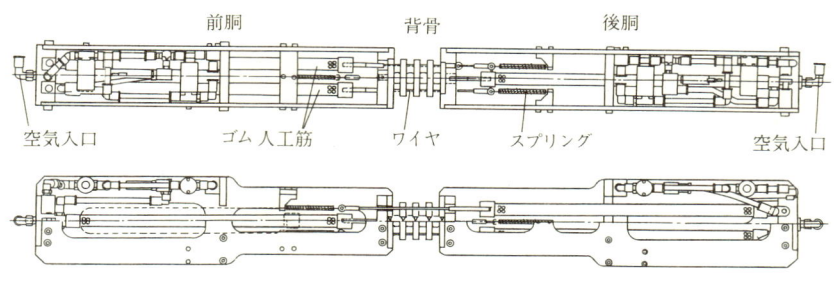

図5.3 製作した猫ロボット

m の柱に相当する.

（1）脊椎動物型背骨関節とゴム人工筋アクチュエータ

猫の背骨は複雑なため，同じ脊椎動物であるヒトの背骨に似せたものを作った．2組の拮抗筋は，互いに直角となるように配置し，2自由度の背骨関節とし（図5.4），4本のワイヤで制御する．アクチュエータとしてマッキベン式ゴム人工筋（以下，ゴム人工筋）を用いた．これは，空気圧を加えると径方向に膨張し軸方向には収縮するため，2本のゴム人工筋を拮抗させて回転アクチュエータとした．

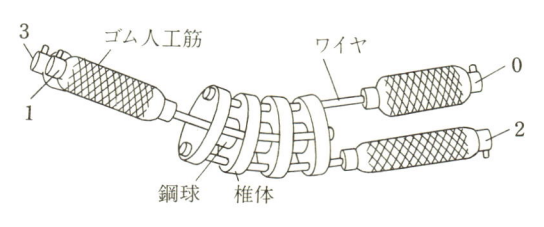

図5.4 猫ロボットの背骨型関節と人工筋アクチュエータ

（2）背骨の曲げ角の制御

ゴム人工筋に加わる圧力 P_r と発生する力 F との関係は次式となる[127]．

$$F = P_r\{a(1-\varepsilon)^2 - b\} \tag{5.6}$$

ここに，ε：ゴム人工筋の収縮率，a と b は定数である．

一対の拮抗筋アクチュエータ内の圧力差が ΔP であるとき，ΔP によって発生するトルク T と回転角 θ との間には，式(5.7) の関係がある．

$$T = -k_1\theta + k_2\Delta P \tag{5.7}$$

背骨の回転に関する運動方程式は，

$$J\ddot{\theta} + c\dot{\theta} = T \tag{5.8}$$

運動は準静的に行われるものと仮定すれば，上式で $\ddot{\theta} = \dot{\theta} = 0$ として，$T = 0$

である．これと式 (5.7) から，

$$\theta = \frac{k_2}{k_1} \Delta P \tag{5.9}$$

式 (5.9) から，拮抗筋を構成するゴム人工筋の圧力差を制御すれば，背骨の曲げ角 θ の制御が可能であることがわかる．

(3) 尻振り動作の制御

拮抗する1対のゴム人工筋の圧力差 ΔP を制御することで，背骨の曲げ角を制御しながら，各円柱を回転させることができる．曲げ角を一定に保つことと円柱を回転させることは矛盾することのように思われるが，そうではなく，曲げ角は一定に保たれるが，各ゴム人工筋の圧力を変化させて円柱を回転することで曲げ角のベクトルの方向が変化すると考えれば矛盾はない．

式 (5.10) に基づいてゴム人工筋内の空気圧力を時間的に変化させる．

$$P_r = P_0 + P_a \sin(\omega t + 0.5 n\pi) \quad (n = 0, 1, 2, 3) \tag{5.10}$$

ここに，P_0：バイアス圧力，P_a：圧力振幅，ω：圧力変化の角振動数，n：図5.4 に示したゴム人工筋の番号とする．

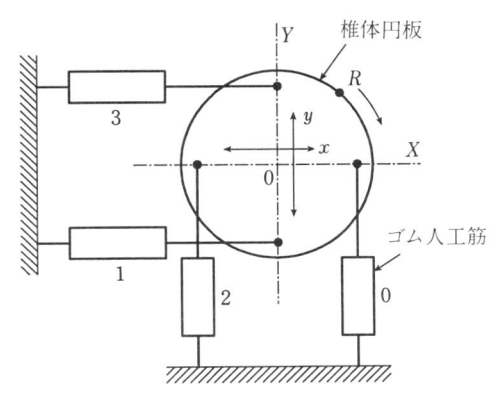

一対の人工筋で作られる拮抗筋は，別の拮抗筋と互いに 90°だけずらして脊椎円板（椎体）に取り付けられている．図5.4 の拮抗筋の動きを理解するため，各拮抗筋と椎体の動きを図5.5 に模式的に示す[128),129)]．このとき，ゴム人工筋番号 0, 2 で構成される拮抗筋の圧力差 ΔP_x とゴム人工筋番号 1, 3 の拮抗筋の圧力差 ΔP_y は式 (5.10) を用いて，式 (5.11) で与えられる．

図5.5 各拮抗筋と錐体円板の動き

$$\Delta P_x = 2P_a \sin \omega t \quad \text{および} \quad \Delta P_y = 2P_a \cos \omega t \tag{5.11}$$

式 (5.9) と式 (5.11) を用いて各拮抗筋で生ずる回転運動の角度は，それぞ

れ，

$$\theta_x = k\sin\omega t, \quad \theta_y = k\cos\omega t \quad (k = 2P_a k_2 / k_1) \tag{5.12}$$

式 (5.12) より，

$$\theta_x^2 + \theta_y^2 = k^2 \tag{5.13}$$

式 (5.13) は 90°の位相差をもつ2組の拮抗筋で生ずる運動の軌跡は半径 k の円であること，すなわち各円柱の主軸回りに円運動（猫の尻振り）が生ずることを示している[129]．これは図5.5の椎体円板が点 R のように回転することと同等である．最も重要なことは，猫の背骨の曲げ角を保ったままで，各円柱のまわりに回転運動（猫の尻振り）が起これば，結果として式 (5.1) から系全体の Z_r 軸回りの運動，つまり猫ひねりが生ずることである．

5.3.2 空気圧回路とゴム人工筋の周波数応答

図5.6に，一対のゴム人工筋の空気圧回路を示す．猫ロボットは自由落下中に姿勢を制御されるので，応答を速くするため高速排気弁を用いて排気速度を大きくした．ゴム人工筋の内圧をフィードバックし，膨張側には絶対圧力指令

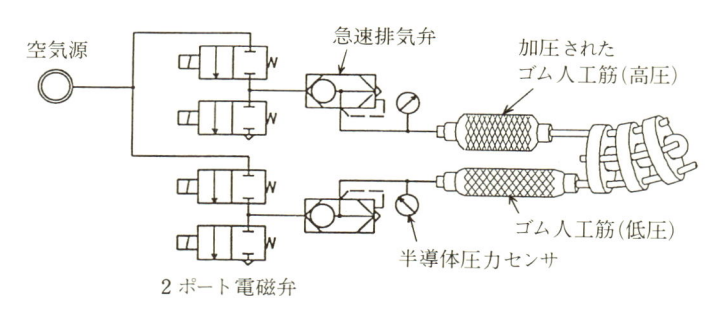

図5.6 一対のゴム人工筋の空気圧回路

表5.1 電磁弁の開閉パターン

P_e, kPa	給気側	排気側
9.8	ON	OFF
$-2.0 \sim 9.8$	ON	ON
$-9.8 \sim -2.0$	OFF	OFF
~ 9.8	OFF	ON

$P_e = P_r - P$，P_r：指令圧力，
P：人工筋内圧

値を他方には相対的圧力指令値を与え，表5.1に示した圧力に基づいて ON，OFF 制御を行った．

猫ロボットの各胴体の重心付近をワイヤで水平に吊し，尻振り運動を行わせた．周波数を 1 Hz および 4 Hz とした場合の実験結果を図5.7に示す．1 Hz

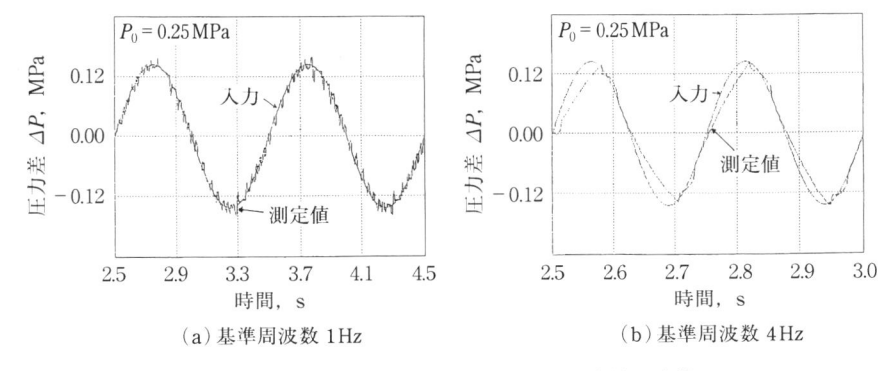

図5.7 基準周波数に対する拮抗筋の圧力差の応答

(a) 基準周波数 1 Hz
(b) 基準周波数 4 Hz

では圧力追従性は良好で，4 Hz では少し遅れがある．

5.3.3 懸垂状態での猫ひねり実験

猫ロボットを三次元測定装置に吊り下げて猫ひねりの実験をした．装置の中心で x, y, z 軸は互いに直交し，各軸には図5.8 に示すように回転角と運動方向の測定のためにロータリエンコーダが取り付けられている．背骨の曲げ角検出のためゴニオメータを用いた．

ロボットに猫ひねりを行わせた結果を図5.9 に示す．図は上方からロボットの動きを見たものと考えることができ，背骨の中心位置を (θ_x, θ_y)，猫ひねり角の変化を実線（ロボットの姿勢ベクトル），前胴体に対する後胴体の方向変化（背骨の曲げ方向）を破線で表す．

実線と破線は，実験開始時にはほぼ重なっているが，時間とともに破線は時

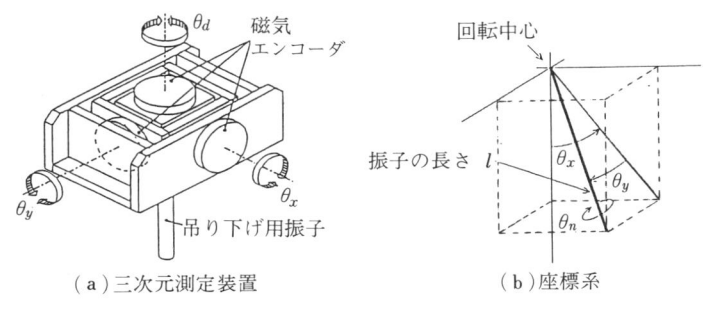

(a) 三次元測定装置
(b) 座標系

図5.8 猫ロボットの吊下げ実験装置（θ_n：尻振り角）

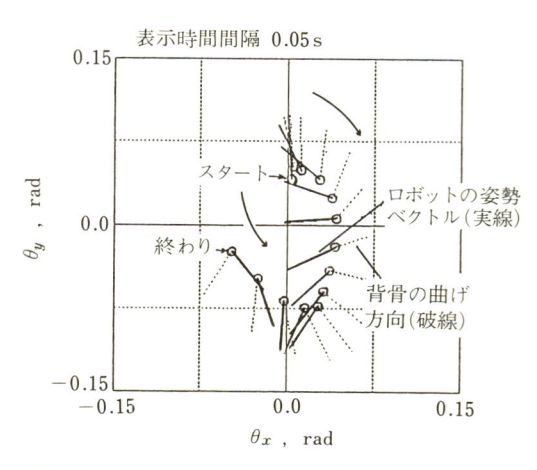

図 5.9 吊り下げた猫ロボットによる猫ひねり実験結果

計方向,実線は反時計方向に回転し,約 0.6 s 後に両者は 180° 回転して再び重なっている.つまり,尻振り運動(図では実線,ロボットの向き)と背骨の曲げ角(破線)の変化方向は互いに逆に回転していることがわかる.

この尻振り運動によって,落下後約 0.6 s には,180° の方向転換(猫ひねり)が生ずる.約 0.6 s の自由落下距離は 1.80 m となるので,本ロボットの場合,2 m 以上の高さから落下させれば,猫ひねりが可能と考えられる.図 5.9 の実験では,基準空気圧は 0.25 MPa,周波数 2 Hz,表示時間間隔 0.05 s であった[130),131)].

5.3.4 自由落下時の猫ひねり実験

(1) 落下実験と制御方法

ロボットによる猫ひねりを観察するためには無重力状態で実験することが望ましいが,それに代わるものとして自由落下による擬似的な無重力状態で実験を行った.実際には,地上約 2 m 上方でロボットの前後胴体を水平に支えておき,制御開始から約 0.25 s で所定の曲げ角に背骨を曲げた後,尻振り動作の開始と同時に手を放してロボットを自由落下させた.

2.1 節で述べたように,1 組の拮抗筋による曲げ角はゴム人工筋の内圧差に比例するので,式 (5.10) の指令値を各人工筋に与えることにより,背骨の曲げ角をほぼ一定に保ったまま尻振り運動を実現することができる.

自由落下するロボットの姿勢変化を実時間で測定するため,三次元計測システムを利用した.本システムは,2 台のカメラによって測定空間内にあるマーカの三次元位置を 60 Hz のサンプリング周波数で計測可能である.

図 5.10 は,発泡スチロール材の支持具を取り付けたロボットの前後胴体に 3

個ずつ豆ランプを配置し，それぞれ三角形を構成した．三次元計測によって得られたマーカ位置の座標を用いて，落下中のロボット猫の姿勢とその時間的変化を前後胴体について解析した．

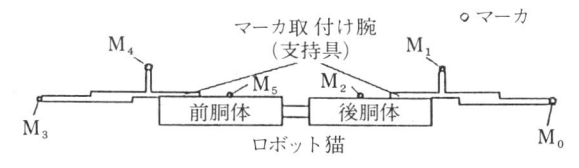

図 5.10 猫ロボットの前後胴体に取り付けた腕とマーカ

(2) 実験と解析結果

自由落下実験結果の例を図 5.11 に示す．前後胴体をそれぞれ 3 個のマーカを線で結んだ三角形で示し，yz 平面（鉛直面）に投影した結果によれば，落下時には下を向いていた三角形の頂点は落下とともに回転を始めて，約 500 mm 落下した時点から頂点が上方を向き，着地の前に完全に半回転して猫ひねりが生じている[130),131]．

実験では，表 5.2 に示す 5 種類の指令値から一つを選んで与えた．尻振り運動の回数は ④ を除いて，落下開始から着地までの約 0.75 s 間連続して尻振りするようにした．背骨の曲げ角が一定となるような圧力指令を与えるが，尻振り運動中，図 5.12（指令値 ①）に見るように背骨の曲げ角は時間的に変化する．図 5.13 は，指令値 ① を与えたときのロボット猫の尻振り角の時間的変化を示す．

落下実験結果から式 (5.5) によって猫ひねり率を

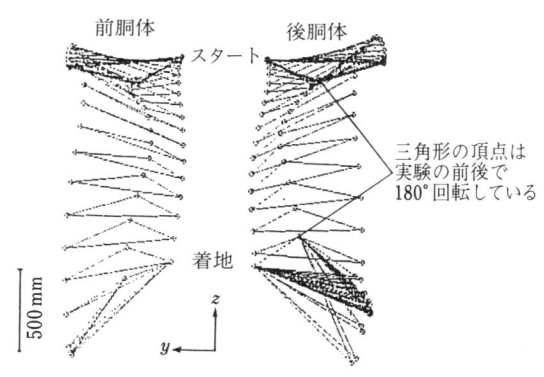

図 5.11 猫ロボットの自由落下実験

表 5.2 ゴム人工筋制御のための指令値

No.	P_0, MPa	P_a, MPa	ω, rad / s	尻振りの回数
①	0.25	0.1	4π	1.5
②	0.25	0.1	2π	0.75
③	0.25	0.05	4π	1.5
④	0.25	0.1	4π	0.6
⑤	0.25	0.1	6π	2.2

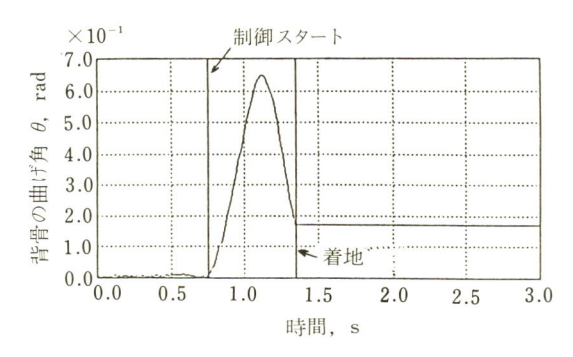

図 5.12 背骨の曲げ角の時間的変化

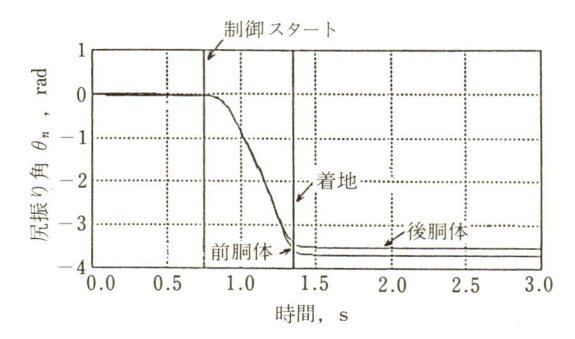

図 5.13 指令値 ① に対する猫ロボットの尻振り角の変化

求めた.図 5.14 は,それぞれ ②,①,⑤ の指令値を与えて落下実験したときの猫ひねり率と背骨の曲げ角との関係を示す.また,図中に式 (5.5) による猫ひねり率の理論値を実線で示す.0.7 s 内のロボットの自由落下中の計測という事情を考慮すれば,図 5.14 で示される理論値と実験値はかなりよく一致している.

図 5.15 に落下中の猫とロボットの猫ひねり動作を示すが,両者は厳密に 1 対 1 対応するものではない [131].これによって,著者らは世界で初めてロボットに猫ひねりを行わせることに成功した.

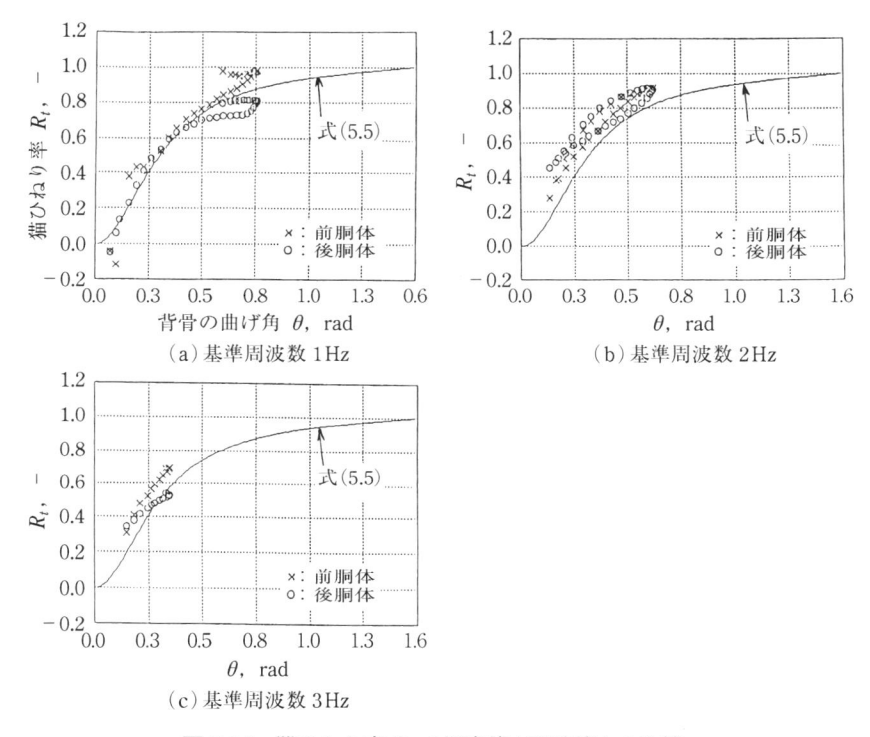

図5.14 猫ひねり率 R_t の測定値と理論値との比較

5.4 猫ロボットとその後の猫ひねり研究

ロボットによる猫ひねり実験が1991年6月，日本テレビの"今日の出来事"で放映されたところ，子供向けの雑誌に執筆[132]を依頼された．外国のマスコミなどの取材に応じているうち，US Air Force 東京事務所から研究資料の請求があり，さらに数年後，米国 Pennsylvania 州の東京事務所から「副知事を団長とする産業調査団が来日するので，浜松町の世界貿易センターにきて，猫ロボットを含む研究を紹介してほしい」という電話があった．

個人的体験から指摘できることは，情報メディアとしてのテレビの存在の大きさと科学技術の新動向に対する米国人の感覚の鋭さである．外国人の研究成果でもいいものにはすばやく目をつけ，何でも取り込もうとするやり方はアッ

102　第5章　猫ひねりロボット

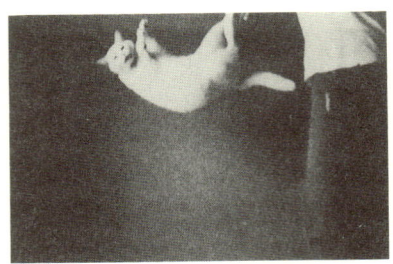

(a) 落下直後

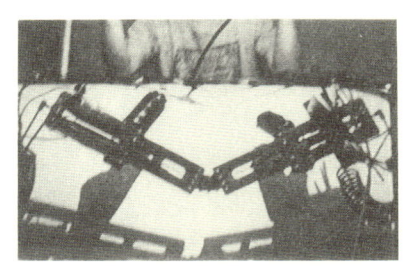

(b) 尻振りと側屈

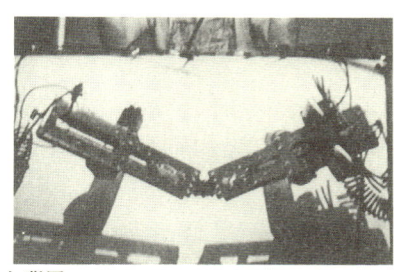

(c) 尻振りと背屈

(d) 着地直前

図 5.15　動物の猫とロボットによる猫ひねり

パレというしかない．スカラ型ロボットの開発（緒論の3節）でも同じであったが，"日本はオールジャパンで対応するが，あちらはオール世界で対応する"といわれる．これでは，日本はいつまでも米国に追いつけず，米国の時代はまだ続くだろう．

中野らは電気モータ駆動の猫ロボットを開発し[133]，猫ひねりモデルの姿勢変換について解析した[134]．Kawamura, Kawaharaら[135]は3本のゴム人工筋を用いる猫ひねりロボットを開発した．Montgomery[136]は猫ひねりのゲージ理論について研究したが，実験的検証はない．

5.5 猫ロボットの空中浮上と軟着地

猫ひねりロボットが，空中で姿勢変換後，搭載したボンベの高圧ガスを四肢の先に取り付けたノズルから噴出して，滞空（ホバーリング）や滑空移動して軟着地するための研究を行った[137]．こんなロボットが開発されたら，火災や地震災害が起ったとき，高層ビルなどで赤ちゃんや貴重品をロボットに取り付けて空中に放り出して制御すれば，正しい姿勢に変換した後，ムササビのように滑空して安全な場所に軟着地できるに違いない[132]．

（1） 空中浮上と軟着地のための機器

河村・山藤ら[137]は，空中を落下するロボットを減速・滑空させて任意の位置に軟着地させるため，圧縮ガスの逆噴射による推力を利用した．図5.16は製作した軟着地用テストベッドで，前後にガス噴射用ノズルが2個ずつ計4個，噴出口を斜め下方に向けて搭載されている．前進時は，後方にある2個のノズルの推力を大きくし，右方への移動には進行方向に向かって左側のノズル推力を大きくする．ノズル内壁（ディフューザ）の形状として噴射効率が70％以上の変形円錐形のものを製作した．

作動流体として15 MPaで窒素を充填した市販の小型ボンベを検討したが，

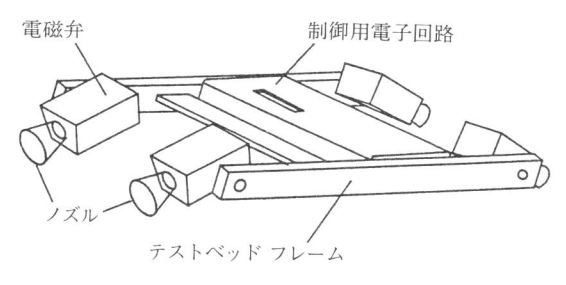

図5.16 軟着地用テストベッド

実験ではコンプレッサによる圧縮空気を用いた．

（2）センサと制御

ロボット（テストベッド）の地面からの高さを検出するため，超音波センサを取り付け，落下時からの高度変化を測定した．姿勢角検出のためフリージャイロを利用し，猫ひねり動作検出用として小型レートジャイロを利用した．

（3）コンピュータシミュレーション

ガス噴射による軟着地制御の有効性を確かめるため，空中における姿勢が完全に安定している場合（ロボットの傾き角と角速度はいずれもゼロ）と猫ひねりを行って，姿勢制御ができた場合についてシミュレーションした．両者とも重心の運動を調べた結果，前者では空中でのホバーリングによる停止と軟着地ができ，後者では前者の初期姿勢へ移行して，ロボットの姿勢を安定できることを確かめた．

(a) 地面からの高さの時間的変化

(b) 噴射推力測定値の理論値に対する比

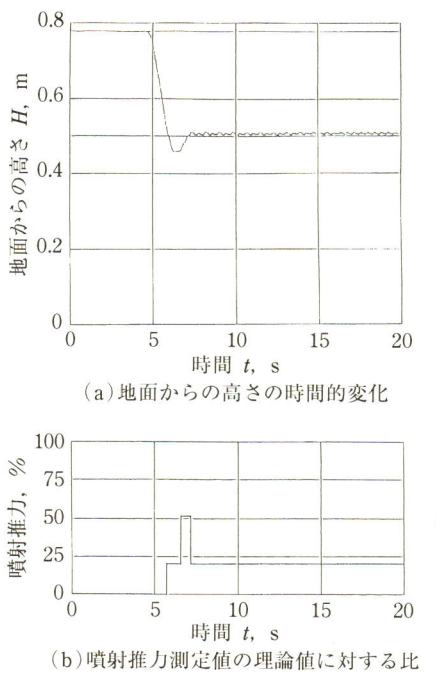

図5.17 ホバーリング状態の高さと噴射推力の時間変化

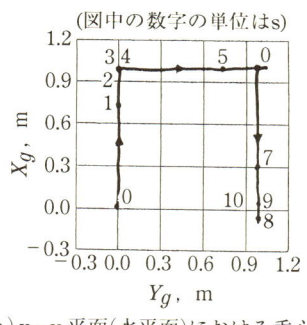

(a) x-y 平面（水平）における重心の軌跡

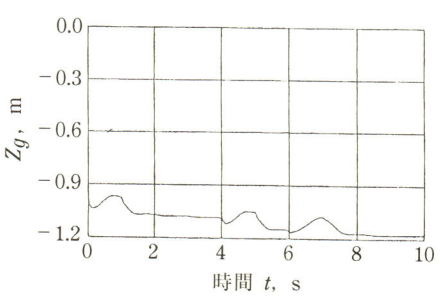

(b) 基準高さからの重心位置の変化

図5.18 水平面で滑空時の重心の軌跡

5.6 三次元猫ひねりロボット　105

（4）実験結果

地面からの高さを 0.2 m と指定して，ホバーリングを行った結果を図 5.17 に示す[137]．図 (a)，(b) は，それぞれ高さの時間的変化と噴射推力測定値の理論推力に対する割合である．ロボットはほぼ指定の高さで停止している．

落下からホバーリング状態に入るまでの時間は，空気圧回路の応答速度によるが，2〜3 s 程度に短縮することは可能である．図 5.18 は，テストベッドを滑空しつつ移動させたときの方向と高さの変化を示す．

5.6　三次元猫ひねりロボット

ロボットで猫ひねりを実現した時点で，研究の発展方向として，次は三次元空間におけるロボットの姿勢検出と猫ひねりを利用した姿勢制御をやるべきだと考えた．このテーマは，1991〜1992 年度の修士研究および 1991 年度の卒業研究として，それぞれ異なったコンセプトと方法論で展開され，素晴らしい成果を達成した．

本節で宇宙空間を想定した三次元猫ひねりに関する研究を述べ，次節で多関節の二本足をもつロボットの姿勢検出と着地制御を紹介する．

5.6.1　一軸猫ひねりモデルと二軸猫ひねりモデル

小林・山藤[138]は，三次元空間内で物体が直交する 2 軸のまわりに何回か猫ひねりを行えば，任意の姿勢に変換できることを示した．

猫ロボット（図 5.3）を 2 台，図 5.19 (a) のように十字に組み合わせたモデルを考えると，4 個の前後胴体が中央のハブと背骨型関節でつながれた構造となっている．胴体（以下，リンク）がハブのまわりに自由に回転できるものとすれば，隣り合う二つのリンクを約 45°ずつ回転することにより，図 5.19 (b) また

(a) 2 軸猫ひねりモデル

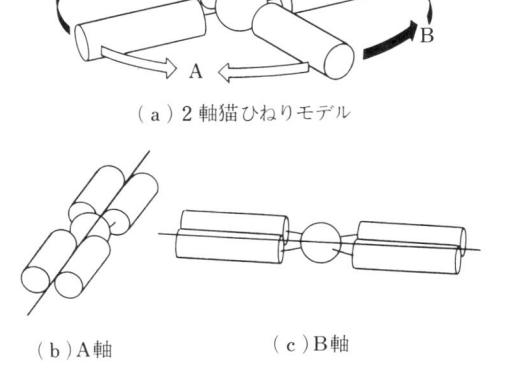

(b) A 軸　　（c) B 軸

図 5.19　二軸猫ひねりモデルと A, B 軸の形成

は (c) のように，互いに直交した一軸モデルと同等となる．

一軸の猫ロボットを二つ十字に同一平面内で組み合わせることにより，直交した二つの軸のまわりに猫ひねりを行わせることができる．一軸ロボットを一軸猫ひねりモデルと呼び，これを二つ図 5.19 (a) のように組み合わせたものを二軸猫ひねりモデルと呼ぶ．

5.6.2 二軸猫ひねりモデルによる三次元姿勢変換と猫ひねり率

二軸猫ひねりモデルの隣り合うリンク 2 個でペアを作り，各ペアの交角 2θ（図 5.1 参照）を一定に保ち，一軸モデルでやった尻振り動作を図 5.19 の A，B の 2 通りの方法で行えば，猫ひねりによって任意の姿勢に変換することができる[138]．図 5.20 の二軸モデルについて，猫ひねり率 R_t を求めると，式 (5.14) が得られる．

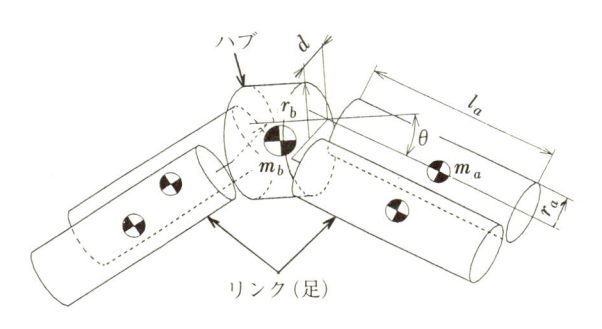

図 5.20 4 リンク（足）とハブからなる二軸猫ひねりモデル

$$R_t = 1 - \frac{2I_{ax}\cos\theta + I_{bx} + 4m_a d^2}{4I_{ax}\cos^2\theta + 4I_{ay}\sin^2\theta + I_{bx} + \dfrac{4m_a m_b L^2}{4m_a + m_b} + 4m_a d^2} \quad (5.14)$$

ここに，I_{ax}：リンクの中心軸回りの慣性モーメント，I_{ay}：リンクの中心軸と垂直な軸回りの慣性モーメント，I_{bx}：ハブの中心軸回りの慣性モーメント，m_a：リンク 1 個の質量，m_b：ハブ部の質量，d：ハブ部の中心軸からハブの付け根までの距離である．L は，ハブとリンクの結合条件から，式 (5.15) で与えられる．

$$L = r_a(1 - \cos\theta) + \frac{l_a}{2}\sin\theta \quad (5.15)$$

ここに，r_a：リンクの半径，l_a：リンクの長さである．

式 (5.14) のパラメータの数値を変えて猫ひねり率を計算した結果によれば，

d と r_b は小さいほど R_t は大きく，l_a は大きいほど，また θ が大きいほど R_t が大きくなる．つまり，効率よく猫ひねりができることがわかる．r_a とリンク部とハブ部の質量比 m_a/m_b は他のパラメータとの組合せにより，R_t を大きくする最適値が存在する．これを実機の設計に考慮した．

5.6.3 二軸猫ひねりモデルのシミュレーション

式 (5.14) に基づいてシミュレーションを行った．モニタに時間的に表示した結果を立体眼鏡で見れば，猫ひねりの様子がよくわかる[138]．パラメータは，リンクについては $l_a = 50$ mm と $r_a = 5$ mm，ハブは $l = r = 10$ mm とし，曲げ角は $\theta = \pi/6$ rad とした．猫ひねり率の計算値は $R_t = 0.23$ となった．

5.6.4 二軸猫ひねりロボットの開発と制御実験

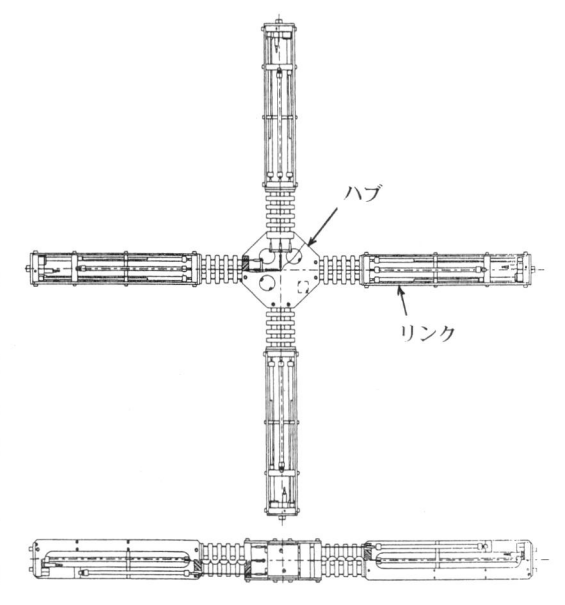

図 5.21 に製作した二軸猫ひねりロボットを示す．各リンク内に取り付けた4個のゴム人工筋で2組の拮抗筋を構成している．ロボット全体では拮抗筋は8組あり，空気圧で制御する．一軸猫ひねりロボット[125),130)]には姿勢検出センサは取り付けていないが，二軸猫ひねりロボットには各リンクに三次元姿勢角検出のため，レートジャイロセンサを3個ずつ搭載している．

本ロボットについて懸垂実験を行い，隣り合う2リンクをペアとする直交2軸の形成と尻振り動作の実現を確かめた．自由落下実験はロボットをクレーンまたは縦坑などを利用して落下させる必要があるため実施しなかった．

図 5.21　製作した二軸猫ひねりロボット

5.7 空中に投げられたロボットの軟着地

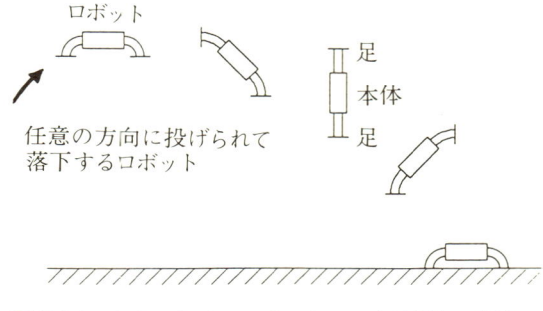

図5.22 空中におけるロボットの二本足制御の概念

山藤・本多ら[139]は，空中に投げ上げられたロボットの三次元姿勢を検出して，二本の足を地面に向ける制御を行って軟着地できるロボットを開発した．図5.22に，空中におけるロボットの運動と制御のコンセプトを示す．

5.7.1 多関節二本足ロボットの開発

製作したロボット（図5.23）は，中央部の本体①，本体両端にある二つの足②，③および足先端に取り付けられた着地用パッド④，⑤で構成されている．二つの足は，それぞれ16関節からなり，これより本体に対して着地パッドを約70°曲げることができる．関節部は猫ロボットと同じくヒトの背骨構造とした．

足の内部には4本のワイヤが90°間隔で通してあり，それぞれの一端にはゴム人工筋を取り付け，本体内に格納されている．ゴム人工筋は，左右の本体に4本ずつ合計8本搭載され，片側4本の人工筋で2組の拮抗筋（互いの位相は90°）を構成し，関節のワイヤの長さを制御すること

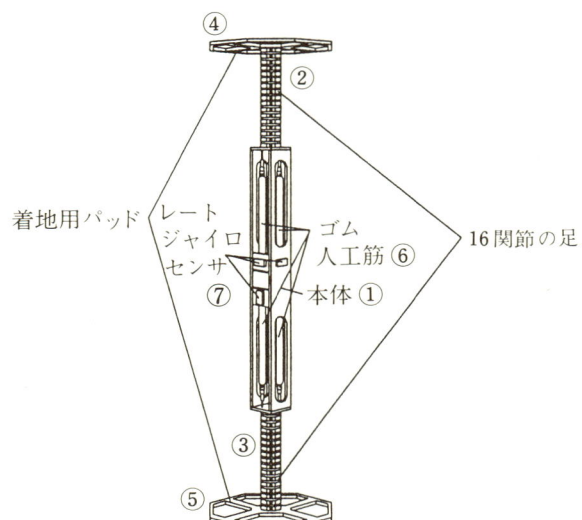

図5.23 開発した多関節二本足ロボット

5.7.2 姿勢と圧力検出用センサ

姿勢角検出のためレートジャイロセンサを3個用い，空気の圧力測定のため，ひずみゲージ式小型圧力変換器を8個使用した．

5.7.3 ロボットの姿勢検出

空間内で運動する剛体の角度変位を知るためには，剛体に固定された回転座標系 xyz が固定座標 XYZ に対してどのような関係にあるかを知ればよい．

固定座標系 XYZ と同一原点をもつ回転座標系 xyz との間のベクトル成分の変換式は3個の独立な方向余弦の組で確定する．すなわち，XYZ 系と xyz 系はどのような位置関係にあっても3回の回転変換によって二つの系を一致させることができる．XYZ 系を xyz 系に一致させるため，図5.24（a）に示す $\phi \to \theta \to \phi$ の順序で3回，回転を行う場合に，これらの角 ϕ，θ および ϕ をオイラー角という[118]．

すなわち，ベクトル $[X, Y, Z]^T$ からベクトル $[x, y, z]^T$ へのオイラー角による変換テンソル E (ϕ, θ, ϕ) を求めることによって，XYZ 系を xyz 系に一致させる回転操作が

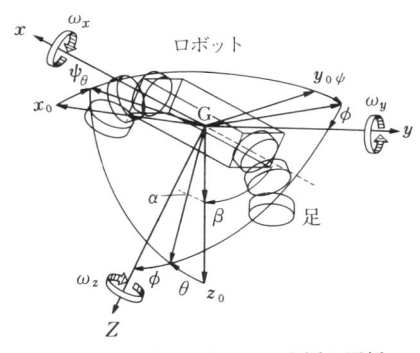

(a) オイラー角による座標の回転

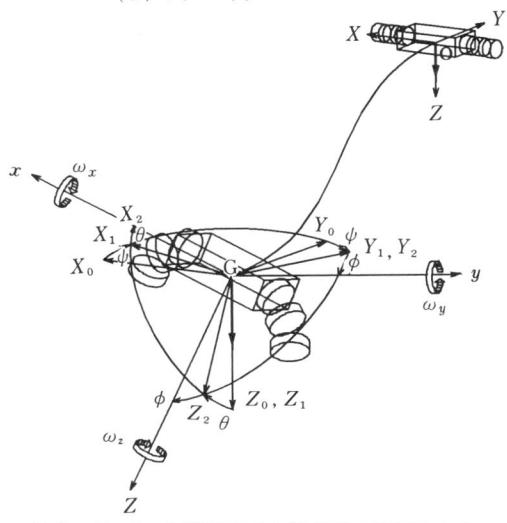

(b) ロボットの制御開始時と開始後の座標とオイラー角

図5.24　ロボットの座標とオイラー表示

得られる.

図 5.24 (b) で,固定座標の原点を制御開始点におけるロボットの重心位置 O にとり,XYZ 系と xyz 系の関係をオイラー角によって求める.オイラー角の角速度は,レートジャイロセンサによって検出される x,y,z 方向の角速度 ω_x, ω_y, ω_z を用いて式 (5.16) ～ (5.18) で与えられる [138),140)].

$$\dot{\phi} = (\omega_y \sin\phi + \omega_z \cos\phi)\sec\theta \tag{5.16}$$

$$\dot{\theta} = \omega_y \cos\phi - \omega_z \sin\phi \tag{5.17}$$

$$\dot{\phi} = \omega_x + \omega_y \sin\phi \tan\theta + \omega_z \cos\phi \tan\theta \tag{5.18}$$

以上から,ある時刻におけるロボットの回転角速度 (ω_x, ω_y, ω_z) がわかれば,式 (5.16) ～ (5.18) からオイラー角速度 ($\dot{\phi}$, $\dot{\theta}$, $\dot{\phi}$) が計算でき,その結果を時間積分してオイラー角,つまりロボットの姿勢角 (ϕ, θ, ϕ) を知る.制御開始時のベクトルを $[X, Y, Z]^T = [0, 0, 1]^T$ とすると,座標軸は鉛直下方を正としているから,ベクトル $[0, 0, 1]^T$ は地面方向を示す.$[x, y, z]^T$ は次式で計算できる.

$$[x, y, z]^T = E(\phi, \theta, \phi)[0, 0, 1]^T = [-\sin\theta, \sin\phi\cos\theta, \cos\phi\cos\theta]^T \tag{5.19}$$

ϕ, θ, ϕ の初期値をいずれも 0 としてレートジャイロで検出できる ω_x, ω_y, ω_z を式を 式 (5.16) ～ (5.18) に入れて時間積分した結果を用いて 式 (5.19) を計算すれば,回転座標系で地面の方向を示すベクトル $[x, y, z]^T$ が求められてロボットから見た地面の方向がわかる.

ベクトル $[x, y, z]^T$ で,図 5.24 (a) のように x 軸となす角を β,yz 平面となす角を α とすると,α, β (姿勢角パラメータ) は次のようになる.

$$\alpha = \tan(y/z) = \phi \tag{5.20}$$

$$\beta = \pi/2 - |\theta| \tag{5.21}$$

式 (5.20) を実時間で計算すれば,足を Z 軸からどれだけ曲げればよいかを知り,式 (5.21) から足を x 軸からどれだけ曲げればよいかがわかる.

5.7.4 実際の制御動作

本体に対する足の向きはゴム人工筋の内圧を制御して,足を貫通する 4 本のワイヤの長さを制御量として指令値を各ゴム人工筋を駆動する電磁弁に与えることで変化できる.曲げ角を保ちながら足を回転する場合にも,4 本のワイヤ

の長さを指定して制御すればよい．

5.7.5 実験方法

制御用コンピュータとしてパソコン（CPU $i80286$）を用いた．空中に放り出されたロボットに搭載したレートジャイロで角速度を検出し，それから α, β を計算し，指令圧力値を求めて制御入力とする．サンプリング時間（5 ms）ごとに圧力センサで読み取った人工筋内圧力と指令値の差をフィードバックして電磁弁を制御する．

以上により，足の曲げ角と回転角を制御して空中でロボットが，いかなる姿勢になってもつねに足を地面に向けるように動作させることができる．

5.7.6 懸垂および自由落下実験

ロボットを紐で懸垂し，本体をロール軸回りに回転させたとき，3方向の角速度のうち，ロール方向角速度だけが大きく変化することを確かめた．

次に，ロボットをロール軸回りに回転させながら自由落下させる実験を行った．姿勢角パラメータ α, β の測定値を図 5.25 に示す．図から，β はつねに $\pi/2$ rad 近傍の値を示しているが，この間 α は大きく変動している．これより，ロボットは空中でロール軸回りに 2/3 回転しながら自由落下し，制御開始後約 3 s 後に着地していることがわかる．β の値が必ずしも $\pi/2$ とはなっていない理由は，ロール軸回りのレートジャイロセンサ出力が角速度の検出範囲を越えているため，β の計算時に誤差が生じたと考えられる．

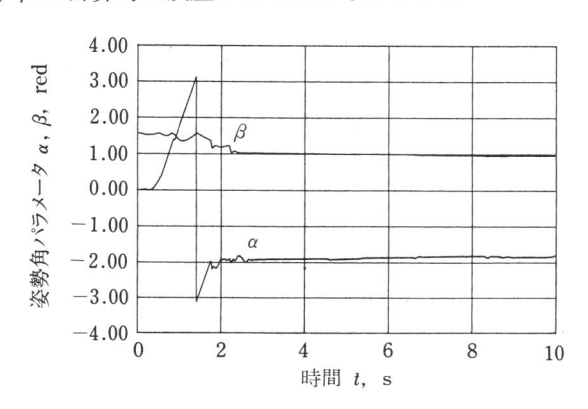

図 5.25 ロボットをロール軸回りに回転させながら自由落下させた実験結果

112　第5章　猫ひねりロボット

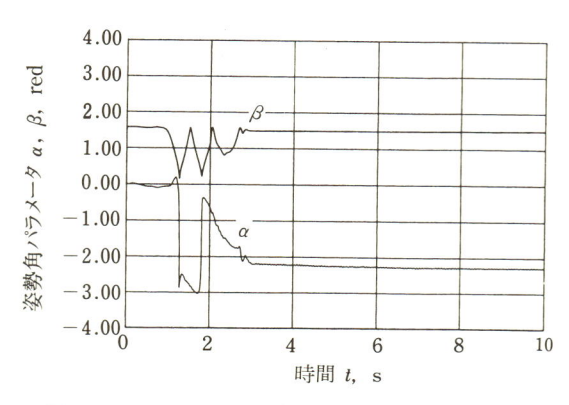

図5.26　ロボットを任意の方向に放り投げて自由落下して足から着地した実験結果

図 5.26 は，ロボットを空中任意の方向に放り投げて自由落下させた実験結果である．図によればロボットは放り投げられた後，空中で1回転して制御を開始して約 2 s 後に両足で着地している．その後，β は $\pi/2$ rad 前後で数回振動しているが，これはロボットが着地後，地上で数回バウンドしたことを示す[139]．

5.8　まとめ

だれでも知っている猫ひねりについて，動作原理を解明し，その原理を応用してロボットで猫ひねりを実現し，姿勢転換後のロボットの滑空移動と軟着地にも成功した．さらに，猫ひねりを利用した三次元空間における姿勢変換法を提案し，空中任意方向に投げられた多関節二本足ロボットの足を地面に向けて軟着地させることにも成功した．

猫ひねりは，相当手ごわい研究テーマだと思ったが，やってみるとスタートから約 20 カ月で動作の解明とロボットによる猫ひねりの両方ができた．**難しそうでだれもやろうとは考えないテーマが，やってみれば成功の確率が高く，世界の先頭を走ることができるのではないだろうか．**

日本ロボット学会では，われわれがロボットによる猫ひねり実験に成功して 10 年 9 カ月後の 2001 年 11 月に，"**生物に学ぶ：生体機能を生かしたロボット研究の最先端**"というテーマでシンポジウムを開催したとき，共同研究者の一人が招かれてこの猫ひねりロボットについて講演した[141]．

第6章 なわとびロボット

6.1 なぜなわとびロボットを研究するのか

　なわとびは，だれでも子供の頃に経験したことのある遊びで，一人でも数人でもできる．小さな子供でも少し練習すればできるようになるが，なわとびをロボットにやらせることはできないだろうか．

　1990年度の卒業研究生，G君がなわとびロボットをやりたいといった．いつも研究室に配属された学生に，まず自分が何をやりたいかよく考えよ，独自のテーマやアイデアがあるならやっても構わないといってきた．ロボットやメカトロニクスに少しでも関係があれば，ハード，ソフトから生物，知能，認識，感性，本能など，研究として意味があり，絶対に不可能でなければ果敢にやるというのがわれわれの基本姿勢である．

　なわとびロボットは学生の提案に基づくものであるが，前年度の卒業研究で跳躍移動ロボット[90]を開発しているので，やることに不安はなかった．研究を始めた時点で，人は，なわとびロボットが演ずる人間に似た動作を見て楽しみ，驚嘆したり慰められたり，さらに子供たちを虜にしてロボットへの夢と未来のエンジニアへの熱い思いをかき立てられるアミューズメントロボットにしたい．子供に夢を与え，彼らの想像力を刺激するようなロボットの研究開発もわれわれの重要な課題であると考えた[142]が，それから10年以上をすぎた今も，その思いはより強くはなっても弱まることはない．

　G君によれば，なわとびロボットはジャンプと同時に作業（なわの回転）をするから，単にジャンプするだけの跳躍ロボットとは違う．彼が書いた研究企画書には，ロボットがジャンプをして崖を登るイラストが描かれている．人間は，ただとび上がるだけでなくジャンプして物をつかみ，投げたり受け止めたりしている．

　野球，バスケットボール，テニスやサッカーなどでも，人は跳躍時に手や足を動かして仕事をしていると考えることもでる．跳躍機械・跳躍移動ロボットについては多くの研究[36),41),43),44),92),95),96),143),144)]があるが，本研究を始めた

時点では跳躍と作業を同時に行うものは見当たらなかった．

6.2 なわとびロボットのコンセプトと実機

6.2.1 なわとび動作とロボットのコンセプト

人間のなわとびの動作は，(1) 姿勢を安定に保ちつつ，連続して跳躍を行う跳躍動作，(2) 姿勢への影響を少なくしつつ，なわを自在に操り続ける腕の回転動作，および (3) なわとびをしながら地面を移動する動作の三つに大別できる．(1) と (2) の基本動作を協調してロボットに連続的に行わせることで，ほぼ同じ位置でなわとび動作が実現できる．

6.2.2 ロボットの機構と動作

開発したロボットを図 6.1 に示す[142]．主要部は，本体 ① とそれを支える脚 ②，本体の両側の肩の位置にある 2 本の腕 ③，腕に取り付けられたなわ ④ から構成される．図 6.2 に，ロボットのリンクモデルを示す．本ロボットは，跳躍用アクチュエータとして空気圧シリンダを 1 本，本体の姿勢制御用として DC サーボモータ A，さらになわの回転制御用として DC サーボモータ B をもつ．

跳躍は，空気圧シリンダ内のピストンの急激な飛び出しを利用してロボット自体を押し上げることで実現する．なわとびに必要な機器を搭載した状態でロボット

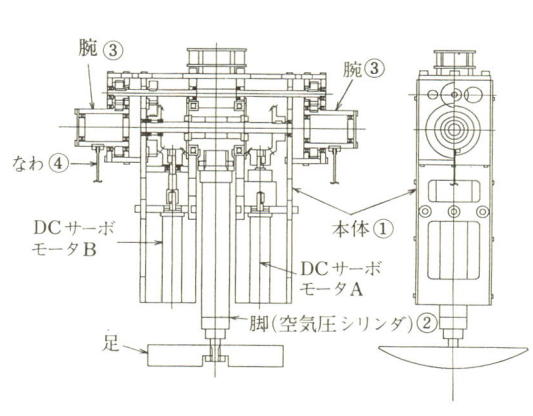

図 6.1　なわとびロボットの全体図

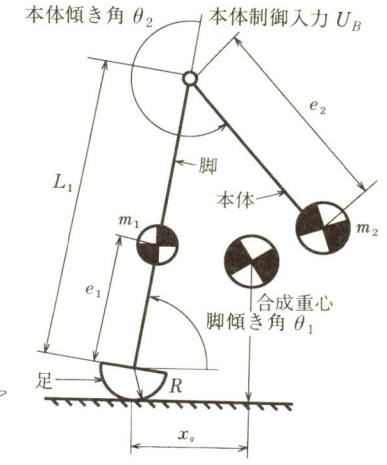

図 6.2　ロボットのリンクモデル

は，供給空気圧 0.15 MPa では約 30 mm 跳躍することができる．

センサは，シリンダの両端に取り付けた位置検出用センサ，各モータのロータリエンコーダ，足接地部に付けた脚の傾斜角測定用磁気エンコーダと接触センサを用いた．接触センサは，床に敷いた導電ゴムマットと足に付けたステンレス箔の間の電気抵抗を利用する．これで，ロボットが接地している状態では導電ゴムと箔が通電し，空中に浮いた状態では絶縁状態となる．

次に，ロボットの機構と動作を説明する．

- 本体①：本体をサーボモータ A で前後に振ることで，系全体の重心位置を制御する．本体に搭載した2個のサーボモータ出力は，ボール減速機を介して駆動軸に伝達される（減速比は 1/36）．
- 脚②：脚は，跳躍動作を行うほか，センサで接地面に対する脚の傾き角を検出する．跳躍は，シリンダのピストンロッドを急激に床面に押し下げる反力で本体をもち上げ，ピストンが最下点に達したときロッドを引き上げると，脚が床から離れることで実現される．これで，足と地面の間に隙間ができるので，なわはそこを通って回転する．
- 腕③：両腕は，なわとび時に跳躍周期に同期してなわを回転するほか，中空にした腕の中にエアホースと電気配線を通し，回転中になわがからまないようにする．
- なわ④：腕となわは，なわを付けた円板で結合されているので，なわの回転角は本体に搭載したサーボモータ B に内蔵されたエンコーダで検出さる．

図 6.3 に，なわとび動作のイラストを示す．ピストンを最下点まで押し下げて本体が最高点に達した瞬間 (e) にピストンをすばやく引き上げることでロボットが空中に浮上する空中浮上期 (f)〜(h) が生じ，足が着地する (i) まで続く．

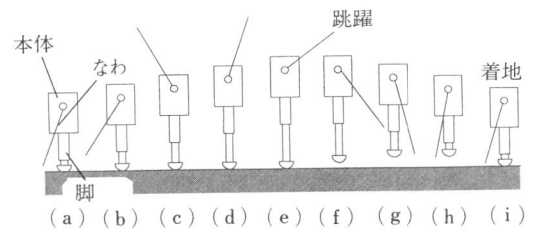

図 6.3 なわとび動作の模式図

6.3 1回だけのなわとび動作（単独なわとび）

　最初から連続なわとびを狙ったが，1回だけのなわとびはできたものの，続けて飛ぼうとすると，ロボットの姿勢が不安定となり転倒してしまった．原因究明に1年以上かかったが，その過程で何をやればよいかという方向が見えてきた．
　次に，単独なわとびのシミュレーションと実験結果を述べる[142]．
（1）シミュレーション
　シミュレーションでは，着地時には PID 制御を適用し，跳躍時にはトルク制御に切り換えた．姿勢安定化のため，合成重心フィードバック（FB）制御[36]を用いた．初期外乱として，本体傾き角速度に 0.01 rad/s を与え，計算時間刻みを 2.5 ms とした．その結果，連続跳躍運動の周期に同期したなわとびができるのを確認したが，床面に対する脚の傾き角 θ_1 はしだいに増加し，床面に投影したロボットの合成重心位置も前後に激しく移動することがわかった．
（2）ロボットの着地時の姿勢安定
　なわを付けない状態で本体の直立姿勢制御実験を行った．制御則は式 (6.1) で与えた．

$$U = U_f + U_{xg} + U_G \tag{6.1}$$

ここに，U_f：姿勢制御入力（脚の傾き角と角速度をフィードバックし，脚傾き角 θ_1 を目標値に追従させる入力），U_{xg}：合成重心 FB 入力（ロボットの姿勢を直立安定化するため床面に射影した系の重心位置を接地点上に保つように制御する），U_G：重力補償入力（ロボットに対する重力補償のための入力）である．
　実験結果[146]は省略するが，ロボットになわを付けず，腕も回転せず，跳躍もしないで直立姿勢を安定させた場合，脚傾き角は 1.57 rad を中心として ±0.05 rad 以内，合成重心位置偏差を ±1 mm 以内に制御することができた．
（3）なわを付けず腕を回転しない状態での連続跳躍
　本体姿勢の PID 制御とトルク制御を切り換えることにより，ロボットに連続跳躍を行わせた実験結果を図 6.4 に示す．これは，連続 26 回跳躍している．脚の傾き角は 1.57 rad を中心として ±0.05 rad 以内に保たれており，姿勢制御時の脚の傾き角とほぼ同様な結果を示している．

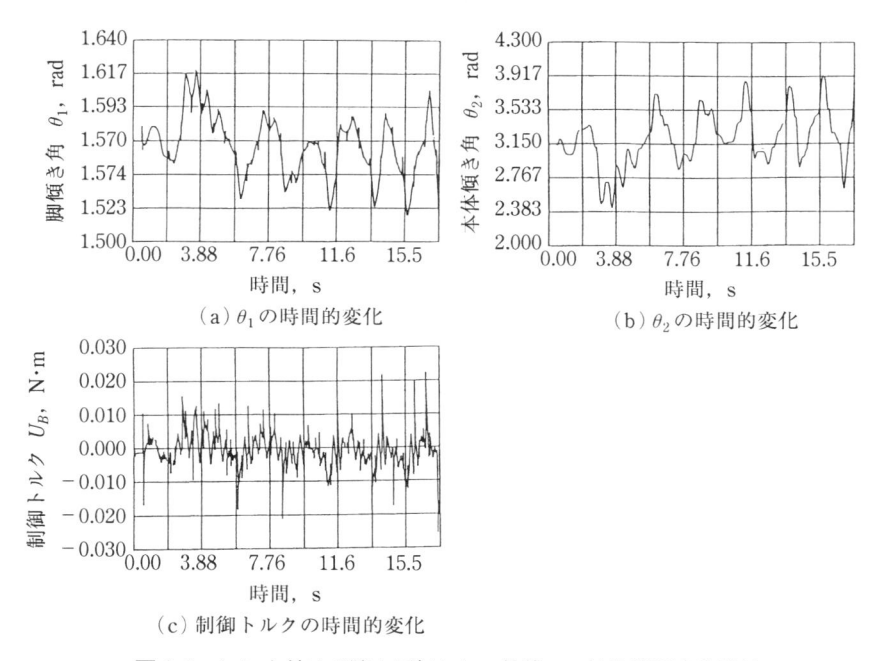

6.3 1回だけのなわとび動作（単独なわとび）　117

(a) θ_1 の時間的変化

(b) θ_2 の時間的変化

(c) 制御トルクの時間的変化

図 6.4　なわを付けず腕を回転しない状態での連続跳躍実験結果

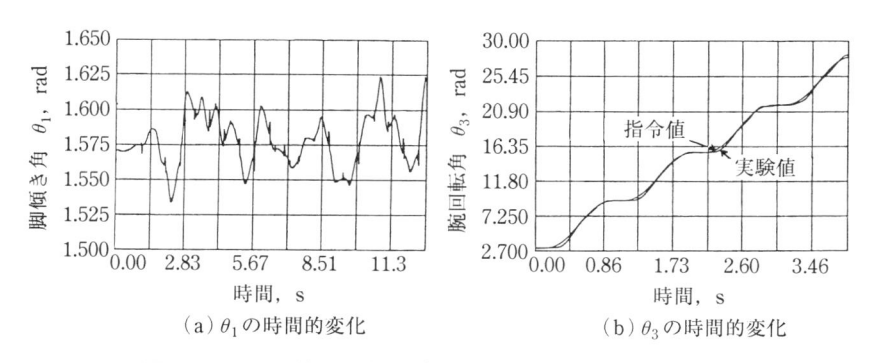

(a) θ_1 の時間的変化

(b) θ_3 の時間的変化

図 6.5　なわを付けず腕を回転した状態での連続跳躍実験結果

（4）腕になわを付けないで回転させた連続跳躍

なわを付けない腕を回転して跳躍を行わせた結果を図 6.5 に示す．図 6.5 (b) は，腕の脚に対する回転角の累積値である．図 6.4 と同じく，脚の傾き角はほぼ 1.57 rad を中心として ± 0.05 rad 以内で腕の回転による姿勢への影響が

少なくなるように制御されていることがわかる．

(5) なわとび実験結果

なわを付けてロボットに1回ずつなわとび実験を行わせることに成功したが，連続なわとびはできなかった．なわを付けた腕の回転軌道として 式 (6.2) を用いた．

$$\theta_{3r} = A\cos(\omega t + \alpha) + B(t + \beta) + C \tag{6.2}$$

ここに，θ_{3r}：回転軌道（rad），t：時間（s），ω：角速度（rad/s），α，β，A，B，C：定数である．

6.4 脚に衝撃トルクが加わる場合の制御法

ロボットの単独なわとびには成功したが，連続的なわとびはできなかった．原因は，脚に用いた空気圧シリンダの速度（定格 0.7 m/s）が低いためと思われたので，定格速度が 3 m/s の高速度タイプと取り換えた．しかし，ロボットに連続なわとびをさせようとすると本体が転倒してしまった．数カ月の苦闘の末，本体が転倒するのは，ロボットの着地時に地面から大きな衝撃トルクを受けて転倒するためではないかと推定されたので振出しに戻って考えた．

次に，着地時の衝撃トルクを補償し，連続なわとびを実現するための制御法を述べる．

6.4.1 脚に衝撃トルクが加わった場合のシミュレーション

ロボットの着地時に床面から脚に加わる衝撃トルクは図 6.6 に示すように働くので，直立姿勢安定に影響を及ぼすことは明らかである．連続跳躍を行うには，床面から受ける衝撃を吸収し，再び空中に打ち上げられる際の脚の振れ角の振動をできるだけ小さくする必要がある．

衝撃トルクを吸収できる制御法を検討するため，シミュレーションを行った．撃力が働く直前と直後の系の一般化運動量を考える．佐野・古荘[147]は，制御量として角運動量を用いて二本足歩行ロボットの三次元動歩行を実現し，角運動量を用いた制御法の有効性を示している．ここでは，図 6.6 の2リンクモデルについて制御入力として一般化運動量を適用する．

系の運動エネルギー T を角速度で偏微分すると，一般化運動量ベクトルの成分 $(\partial T/\partial \dot{\theta}_1, \partial T/\partial \dot{\theta}_2)$ が得られる．$\dot{\theta}_1$ は脚傾き角の速度，$\dot{\theta}_2$ は本体傾き角の

速度である．それぞれが0になるとして，運動量行列を A，一般化速度ベクトル $\dot{q}$ とすると，

$$A\dot{q}=0 \quad (6.3)$$

式 (6.3) で $\dot{q}\neq 0$ であるから，

$$\det A=0 \quad (6.4)$$

式 (6.4) から，本体傾き角 θ_2 が求められる[148]．

ロボットの姿勢制御のための本体への制御入力 U_B は，

$$U_B=U_p+U_m \quad (6.5)$$

ここに，U_p：姿勢角 FB 入力，U_m：一般化運動量 FB 入力である．

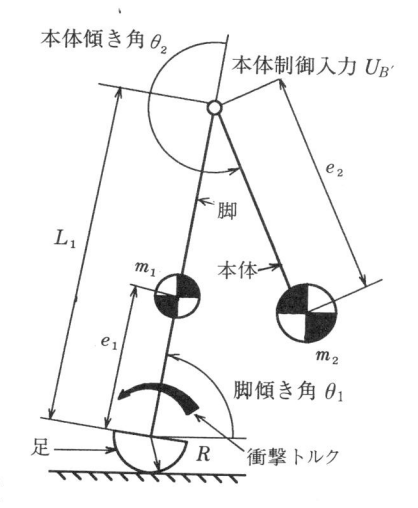

図 6.6 着地時の床からロボットに加わる衝撃トルク

姿勢角 FB 入力 U_p は，

$$U_p=K_{pf}\{\theta_{1r}-(1.5\pi-\theta_2)\}+K_{df}(-\dot{\theta}_1)+K_{if}\Sigma\{\theta_{1r}-(1.5\pi-\theta_2)\} \quad (6.6)$$

ここに，θ_{1r}：脚傾き角目標値，K_{pf}：θ_1 の偏差に対する比例ゲイン，K_{df}：$\dot{\theta}_1$ の偏差に対する比例ゲイン，K_{if}：θ_1 の偏差に対する積分ゲインである．

一般化運動量 FB 入力 U_m として式 (6.7) を与える．

$$U_m=K_{ms}\left(MA-\sum_{i=1}^{2}\frac{\partial T}{\partial \dot{\theta}_i}\right) \quad (6.7)$$

ただし，MA：一般化運動量和の目標値，K_{ms}：比例ゲインである．

6.4.2 脚に衝撃トルクが加わった場合のシミュレーション結果

脚に加える衝撃トルクを 10 N・m として，これを 6 s ごとに加えてシミュレーションを行った（図6.7）．図6.8と図6.9には，衝撃トルクを加えない場合と加えた場合の脚傾き角の時間的変化を示す．

各図の (a) は，合成重心 FB 入力を適用した場合，(b) は一般化運動量 FB 入力を適用した場合のシミュレーション結果である．図 6.8 (a) は，合成重心 FB 入力を用いた場合の結果である．脚は，最大振幅 0.65 rad で低周波の振動を行い，約 13 s 後には約 1.57 rad で整定し，直立姿勢を保つ．

図 6.8（b）は一般化運動量 FB 入力を適用した場合で，最大振幅 0.009 rad で高周波の振動を行い，収束しながら直立姿勢を保つ．図 6.9（a）では合成重心 FB 入力を用いた場合，脚は最大振幅 0.065 rad で低周波の振動をして直立姿勢を保つが整定までに時間がかかる．同図（b）は一般化運動量 FB 入力を加えた場合で，

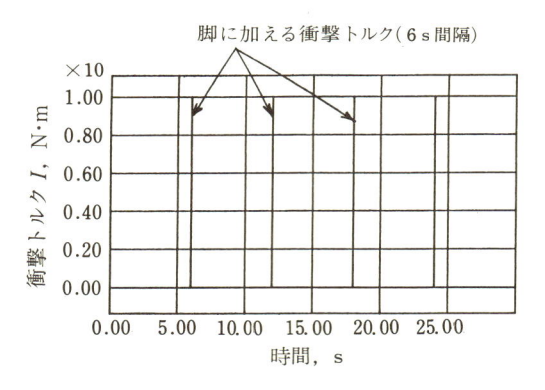

図 6.7　シミュレーションにおいて脚に加わる衝撃トルク I

最大振幅が 0.009 rad の高周波振動を行い，衝撃トルクが加わっているにもか

（a）合成重心 FB 入力を適用した場合　（b）一般化運動量 FB 入力を適用した場合

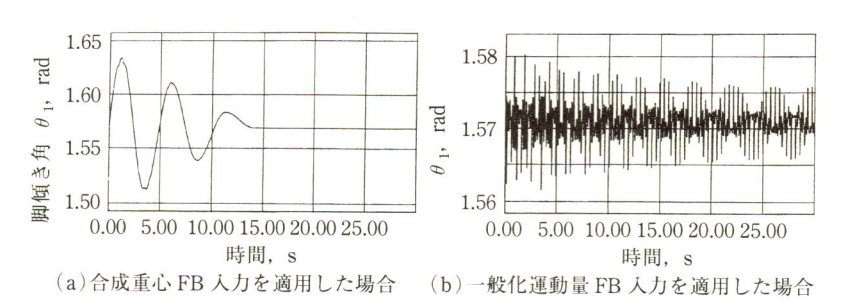

図 6.8　脚に衝撃トルクを加えない場合の脚傾き角 θ_1 の時間的変化

（a）合成重心 FB 入力を適用した場合　（b）一般化運動量 FB 入力を適用した場合

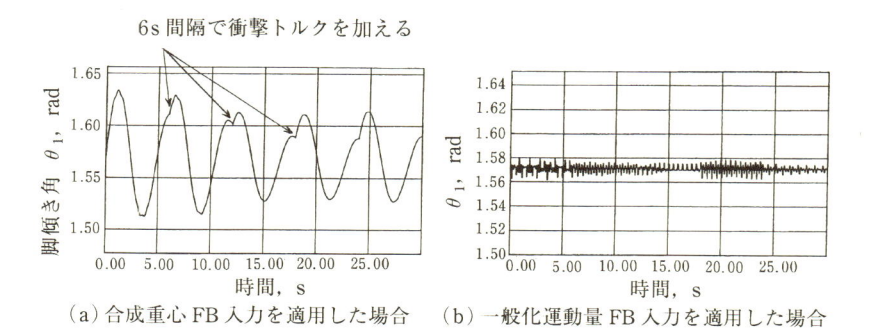

図 6.9　脚に衝撃トルクを加えた場合の脚傾き角 θ_1 の時間的変化

かわらず，収束する方向に振動しつつ直立姿勢を保つ．

図 6.9 (a) と (b) を比較すると，脚傾き角の振幅比は 7 : 1 となり，明らかに一般化運動量 FB 入力を適用した方が振幅が小さい．以上から，脚に衝撃トルクが加わる場合，合成重心 FB 入力に比べて一般化運動量 FB 入力の方がより有効であるといえる．

6.5 連続跳躍動作のための姿勢制御

連続なわとびのための姿勢制御法について述べる．初めは，腕になわを付けず，回転もしないで連続跳躍動作を行う．

6.5.1 連続跳躍動作における姿勢制御の考え方

これまでの連続跳躍動作時の姿勢制御は，接地状態では PID 制御，宙に浮いているときはトルク制御を適用した[142]．その理由は，姿勢角センサとして接触棒付きエンコーダを足に付けていたため，宙に浮いた状態では姿勢角が検出できなかったことと，PID 制御では発振したためである．

今回はレートジャイロセンサを用いたので，宙に浮いた場合でも姿勢角の検出が可能となり，制御則の切換えが必要でなくなった．連続跳躍動作時に脚傾き角の振幅をできるだけ低く抑えることは，なわの回転に同調して脚がなわを越えて跳躍をする上で重要である．

前節では，接地状態で脚に衝撃トルクが加わる場合のシミュレーションを行い，脚の傾き角方向に衝撃トルクが加わる際には，合成重心 FB 入力よりも一般化運動量 FB 入力を与える方が脚傾き角の振幅が低くなることを示した．連続跳躍時に直立姿勢の安定化が保てなくなった場合，姿勢が崩れるとともに脚方向の撃力成分が増加することもわかった．

これより，一般化運動量 FB 入力を適用する場合，一般化運動量和に脚の傾き方向の角運動量を加えれば，連続跳躍をして脚が床面から衝撃を受けても姿勢を安定に保てると考えられる．本体に一般化運動量 FB 入力を与えただけでは姿勢を決定することはできないので，姿勢角 FB 入力に脚傾き角も加える．系のつり合いを保つため，合成重心 FB と重力補償入力も付加する．

6.5.2 連続跳躍における直立姿勢安定のための制御則

連続跳躍における直立姿勢安定のため，制御入力を式 (6.8) で与える．

$$U_B = U_m + U_f + U_{xg} + U_G \tag{6.8}$$

ここに，U_m：一般化運動量 FB 入力，U_f：姿勢角 FB 入力，U_{xg}：X 射影合成重心 FB 入力，U_G：本体に対する重力補償入力である．

上式の制御入力は，

(1) 一般化運動量 FB 入力

$$U_m = K_{ms}\left(MA - \sum_{i=1}^{2}\frac{\partial T}{\partial \dot{\theta}_i}\right) + K_{mp}\left(MB - \frac{\partial T}{\partial \theta_1}\right) \tag{6.9}$$

ここに，K_{ms}，MA：式 (6.7) と同じ，MB：脚の運動量に対する目標値，K_{mp}：偏差の比例ゲイン，T：系の運動エネルギーである．

(2) 姿勢角 FB 入力には系の姿勢を決定する脚の傾き角を与える．

$$U_f = K_{pf}\{\theta_{1r} - (1.5 - \theta_2)\} + K_{df}(-\dot{\theta}_1) + K_{if}\sum_{i=1}^{2}\{\theta_{1r} - (1.5\pi - \theta_2)\} \tag{6.10}$$

ここに，θ_{1r}：脚傾き角目標値で 0.5π，K_{pf} と K_{if}：θ_1 の偏差に対する比例および積分ゲイン，K_{df}：$\dot{\theta}_1$ に対するゲインである．

(3) X 射影合成重心 FB 入力は X_{gr} を指令値として FB する．

$$\left.\begin{array}{l} U_{xg} = K_{pg}(X_{gr} - X_g) + K_{ig}\sum(X_{gr} - X_g) + K_{dg}\dot{X}_g \\[6pt] X_g = \dfrac{(M_1 e_1 + M_2 L_1)\cos\theta_1 + M_2 e_2 \cos(\theta_1 + \theta_2)}{M_1 + M_2} \end{array}\right\} \tag{6.11}$$

とし，X_{gr}：合成重心位置の目標値，K_{pg} と K_{ig}：X_g の偏差に対する比例ゲインと積分ゲイン，K_{dg}：$\dot{X}_g$ に対するゲインとする．

(4) 本体に対する重力補償入力は式 (6.12) とした．

$$U_G = M_2 e_2 g \cos(\theta_1 + \theta_2) \tag{6.12}$$

6.5.3 連続跳躍の実験結果および考察

腕になわを付けず，回転もしないで連続跳躍実験を行った．サンプリングタイムは 1 ms，空気圧は 0.15 MPa，跳躍高さを約 30 mm とした．合成重心 FB 入力を高ゲイン FB した場合の実験結果を図 6.10 に示す．

図 6.10 (a) は，連続跳躍時の脚傾き角 θ_1 の時間的変化で，振幅は $\pi/2$ を境として約 ±0.1 rad で直立姿勢を保っている．接地直後は衝撃の影響で高周波振動を伴っている．同図 (b) は，連続跳躍時の本体角の時間的変化を示すが，

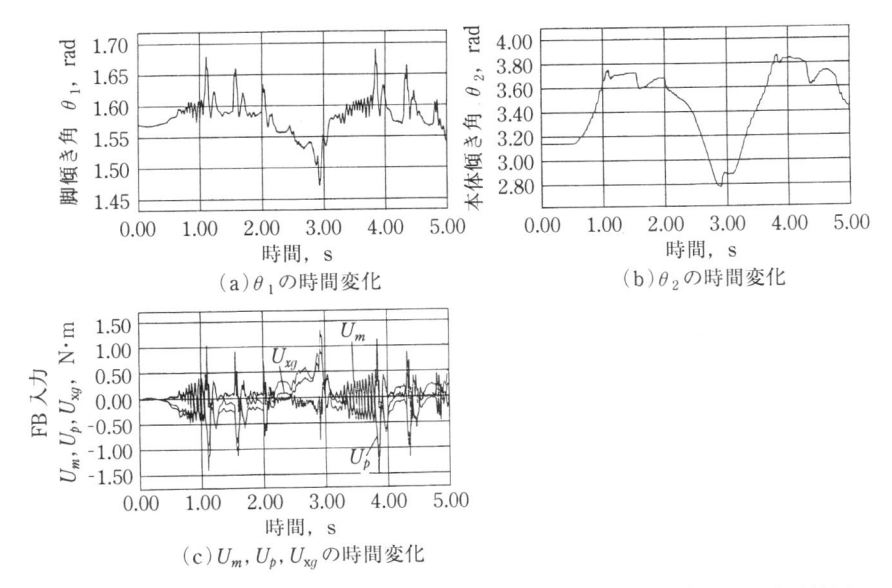

図 6.10 合成重心フィードバック入力を高ゲイン FB した場合の連続跳躍実験結果

初期値は π (rad) であるから,約 +0.2 rad ほど前傾した姿勢を中心として約 ±0.5 rad の振動を行うことで直立姿勢を安定化している.同図 (c) は,本体に対する制御トルクを入力別に示したもので,一般化運動量 FB 入力,姿勢角 FB 入力と X 射影合成重心 FB 入力の割合は大ざっぱではあるが,1:1:1 と考えてよい.

6.6 なわとび動作の観察,モデル化とシミュレーション

これまで,1回だけのなわとびには成功したが,連続なわとびを行わせるには着地時の衝撃による本体姿勢の不安定化を防ぐことが必要であることがわかった.脚に衝撃トルクが加わる場合の制御法を開発し,なわを付けないでロボットに連続跳躍を行わせる実験に成功したが,連続なわとびの実現には,なわと足の干渉,跳躍開始のタイミングなどの問題解決が必要である.

連続なわとびは,安定した跳躍となわを含む腕の回転動作とを協調させることで実現される.最初に,人間のなわ跳び動作を観察して次の 5 点を調べた.
(1) 人は,なわがどの位置にきたときに跳躍をするか,

(2) 跳躍高さが最大となるのは,なわがどの位置にきたときか,
(3) なわをどのように回転しているか,
(4) 手首の回転となわの回転との関係,
(5) なわの材質によってどう変わるか.

2人の被験者にナイロンとスチールワイヤを使用してなわとびをしてもらった.図6.11に,ビデオカメラで撮影した同一人による2種類のなわを使った実験結果を示す.これから,ナイロンとスチールのなわについて手首中心の位置となわ先端の位置の軌跡に大きな差はないことがわかる.なわの回転を始めるときは手首位置が大きく回転し,定常的に回転するようになると手首位置が小さく回転する.手首中心の軌跡は,円ではなくだ円であり,前方に傾いている.被験者が代わっても熟練者の場合の結果にはほとんど差がなかった.

図6.12に,ビデオ映像から求めたワイヤロープでなわとびをする人間の手

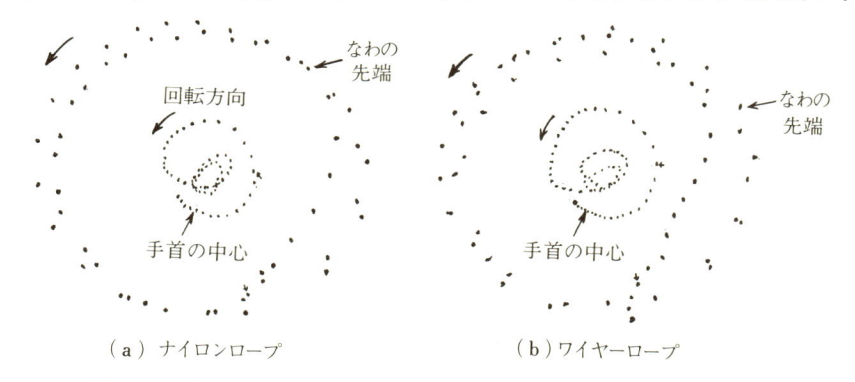

(a) ナイロンロープ　　　　　　　(b) ワイヤーロープ

図6.11　人間のなわとびの観察結果(なわの先端と手首中心の軌跡)

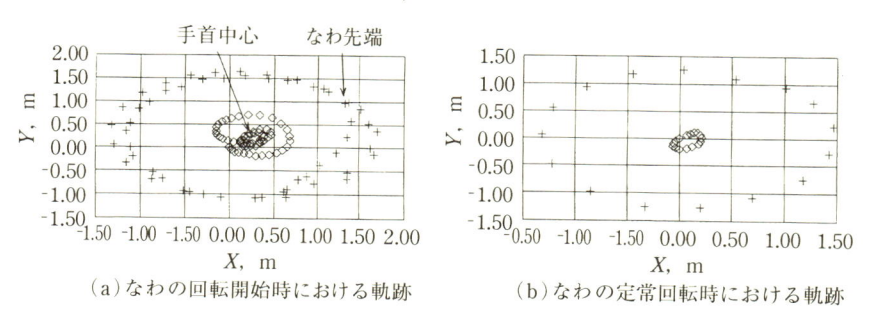

(a) なわの回転開始時における軌跡　　　(b) なわの定常回転時における軌跡

図6.12　人間のなわとびにおけるなわの先端と手首中心の軌跡(ナイロンロープ)

首中心となわ先端の軌跡を示す．同図 (a) は開始直後の軌跡，(b) は回転がほぼ定常状態になったときの軌跡である．(a) では手首の中心位置の回転半径は時間とともに小さくなるが，1 点に収束するのではなく，(b) のようにある軌道に収束している．

(a)，(b) ともに，手首中心の軌道は長短軸の比が約 2 : 1 で前向きに水平軸から 40〜50°下方に傾いている．定常状態では，手首中心となわ先端位置はいずれもほぼだ円軌道で，安定ななわとびが行われている．定常状態では矢状面で観察されるなわの形状は外乱が加わらない限り，ほぼ 1 本の棒状となる．

6.6.1 モデル化，シミュレーションと回転軌道

跳躍せず，なわだけを回転する場合の腕となわの回転軌道の設計，またなわを連続回転させる場合のシミュレーション結果を述べる．集中質量をもつ 3 リンクでなわをモデル化したものを図 6.13 (a) に，なわの回転方向を (b) に示す．

人間のなわとび動作とシミュレーション結果の比較を述べると，

(1) 人間の正 (反時計) 方向回転では，手首中心位置の描くだ円は水平軸から正方向に約 40〜50°回転している．この角度近傍では，シミュレーションによる運動エネルギーと位置エネルギーの和 F が極小となり，リンクの先端位置の整定時間も短くなっている．これより，人は短時間でなわを整定させ，消費エネルギーも低く抑えながらなわを回転させていると考え

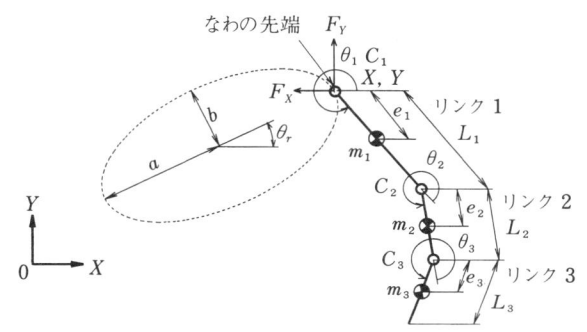

(a) なわの 3 リンクモデル

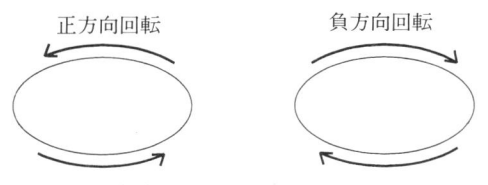

(b) なわの回転方向の定義

図 6.13　なわの 3 リンクモデルと回転方向の定義

られる．

(2) 人間のなわとびで手首中心が描くだ円の長短軸の長さの比は約 2：1 となった．短軸の長さを増加するにつれてシミュレーションでは F が増加するが，リンク先端の整定時間は減少している．長短軸の長さの比が約 2：1 で両者は交差しており，人は本能的に F とリンク先端位置の整定時間とのかねあいを図りながら，なわを回転させているように見える．

6.6.2 なわを付けた腕の回転軌道の設計

連続なわとびでは連続して跳躍する必要があり，1 回だけのなわとびに有効であった PID 制御では，空中から着地するとき床面から受ける衝撃により跳躍回数を増すごとに脚・本体角度と目標角度の誤差が大きくなって連続なわとびは不可能になる．

人間のなわとびの観察とシミュレーション結果から，腕の回転軌道はその微分である角速度が適当な加減速区間をもつ必要があることがわかった．そこで，腕の回転角を θ，角速度を ω とし，$\theta=\pi/2$ で $\omega_{\max}$，$\theta=3\pi/2$ で $\omega_{\min}$ となるように設定する．回転を区間 1 $[0,\pi]$ と区間 2 $[\pi, 2\pi]$ に分ける．腕の角運動量を M とし，角速度を $\dot{\theta}$ とすると，

$$M = I\dot{\theta} \tag{6.13}$$

ここで，角速度を次式で与える．

$$\dot{\theta} = -0.5|\omega|\sin\theta \tag{6.14}$$

式 (6.13)，(6.14) より腕が 1 回転する際の角運動量の時間積分値は $\int M dt = 0$ となる．なわを付けた腕が，この角速度で回転したときの腕の回転目標軌道（回転角の累積値）を θ_{3r} とすると，

$$\theta_{3r} = A\cos\omega t + Bt + C + \phi \tag{6.15}$$

ここに，ϕ：初期位相角 (rad)，t：時間 (s)，$A=|\omega|/4\pi$，$B=\omega/2\pi$，$C=-(A+\phi)$ である．

腕の回転制御のためにゲインを高くすると，跳躍回数の増加とともに実際の回転角度と目標角度との差が大きくなり，なわの回転が発振状態となる．そこで計算トルク法を適用して，なわを付けた腕の回転に必要なトルクを計算し，発振を生じない程度の低ゲインの FB 制御入力を与えて目標回転角に追従させる．

6.6 なわとび動作の観察,モデル化とシミュレーション

腕の目標軌道を θ_{3r},(なわ+腕)の質量を $\varDelta m$,関節中心から重心までの距離 e,重心回りの慣性モーメント I,本体と腕の間の固体摩擦トルク F,粘性摩擦トルク D,回転角 θ,回転に必要なトルクの計算値を τ として,

$$\tau = (me^2+1)\ddot{\theta}_{3r} + D\dot{\theta}_{3r} + mge\cos\theta_{3r} + F_s \operatorname{sign}(\dot{\theta}_{3r}) \qquad (6.16)$$

τ に発振を起こさない程度の低ゲイン FB 入力 U_{rp} を加えたものを制御トルクとする.τ に U_{rp} を加えることをパラメータ補償と呼ぶ.

$$U_R = \tau + U_{rp} \qquad (6.17)$$

U_{rp} は,なわを付けた腕の回転角 FB 入力で,次式で与える.

$$U_{rp} = K_{pr}(\theta_{3r}-\theta_3) + K_{dr}(\dot{\theta}_{3r}-\dot{\theta}_3) + K_{ipr}\Sigma(\theta_{3r}-\theta_3) \qquad (6.18)$$

6.6.3 なわを付けた腕の回転実験

両腕に鉄パイプを通して支持し,ロボットを地面から浮かした状態でなわを回転させる実験を行った.なわの回転軌道の初期位相角 ϕ を変化させた場合,$\phi = 40 \sim 50°$ の範囲で単位時間当たりのトルクの自乗和が極小となる.なわの先端位置の動きを観察すると,$\phi = 40 \sim 50°$ のとき腕回転角が $180 \sim 270°$ でなわの先端と腕の回転が同期していることを確かめた.

$\phi = 45°$ として,なわを付けた腕を回転制御した実験結果を図 6.14 に示す.同図(a)より腕回転角の目標値と測定値の遅れは最大約 $70°$ であるが,目標軌道からのずれは脚の飛び出しのタイミングをなわの回転に合わせることで腕の動作に同期した跳躍を行うことができる.

図 6.14(b)は,(a)に対応した腕の回転トルクの測定値である.この実験結果から,前項で提案したなわの回転軌道と制御則を用いれば,なわの回転に同

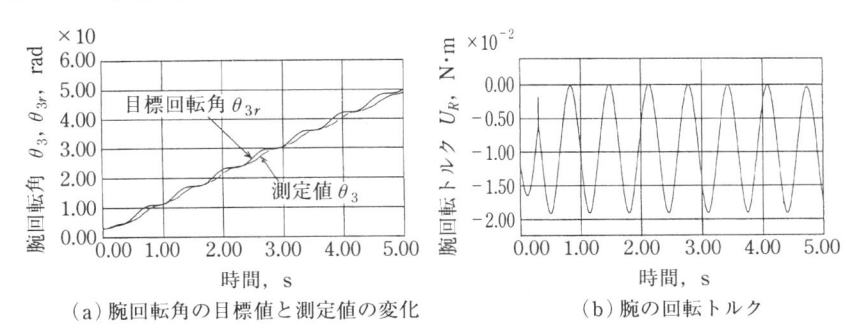

(a)腕回転角の目標値と測定値の変化　　(b)腕の回転トルク

図 6.14 腕回転角(累積値)と回転トルクの変化

期した脚の跳躍が可能となることが推測される．

6.7 連続跳躍時の姿勢安定と連続なわとび

6.7.1 直立姿勢安定化のための制御則

連続なわとび時の姿勢安定化のため，本体姿勢の制御入力 U_B を次式で与える．

$$U_B = U_m + U_p + U_{xg} + U_G \tag{6.19}$$

U_m は一般化運動量 FB 入力で，式 (6.20) で着地時に地面から受ける衝撃に抗して直立安定化を行う．

$$U_m = K_{ms}\left(MA - \sum_{i=1}^{2}\frac{\partial T}{\partial \dot{\theta}_i}\right) + K_{mp}\left(MB - \frac{\partial T}{\partial \dot{\theta}_1}\right) \tag{6.20}$$

ここに，MA：一般化運動量和の目標値，MB：脚の運動量に対する目標値，K_{ms}：一般化運動量和の偏差に対する比例ゲイン，K_{mp}：脚の運動量偏差に対する比例ゲイン，T：系の運動エネルギー，U_p：姿勢角 FB 入力（系の姿勢を決定するために，姿勢角 FB 入力として脚傾き角を与える），U_{xg}：X 射影合成重心 FB 入力（系の静的なつり合いを保つため，単独なわとび動作の制御入力として用いた合成重心 FB 入力を与える），U_G：本体に対する重力補償入力〔式 (6.12) を利用する〕である．

6.7.2 跳躍開始時間補償

連続なわとびのためには，ロボットの跳躍開始のタイミングを腕の回転に合わせる必要がある．そのためには，跳躍開始時刻 t_{js} に対応する跳躍開始時の角度を θ_{js}，なわを付けた腕の回転角度を θ_3 としたとき，次の条件を満たす必要がある．また，跳躍動作回数 N によって跳躍開始時間 t_{js} も変化するため，N の大きさに応じて補正する必要がある．

$$|\theta_{js} - \theta_3| \leq \delta\theta \tag{6.21}$$

6.7.3 連続なわとび実験の結果

連続なわとびのため，なわを付けた腕の回転動作におけるパラメータ補償と跳躍開始時間補償をしない場合とする場合について実験を行い，パラメータの有効性を確かめた．

図 6.15 は，パラメータ補償と跳躍開始時間補償を行わない場合で，実験では

6.7 連続跳躍時の姿勢安定と連続なわとび

約 1.7 s 経過後に脚となわが衝突し，それ以後のなわとびができなくなった．

図 6.16 は，パラメータ補償はするが跳躍開始時間補償をしない場合で，約 3.5 s 経過後に脚になわが干渉した．腕の回転角は目標値よりも少し遅れており，なわが脚に干渉した瞬間から回転が停止している．腕の回転でパラメータ補償を行うことで，脚の跳躍周期よりも短い周期で回転することを防いでいる．

パラメータ補償と跳躍開始時間補償を行う場合の脚の傾き角の変化を図 6.17 (a) に示す．脚になわが干渉することなく，脚傾き角の振幅が約 1.6 rad を中心として ± 0.04 rad 以内で直立姿勢を安定しながら連続なわとびを続けている．図 6.17 (b) は，腕の回転角の目標値と測定値の時間的変化である．測定値は目標値より遅れ気味ではあるが，なわが脚に干渉することなく連続なわとびが実現されている．

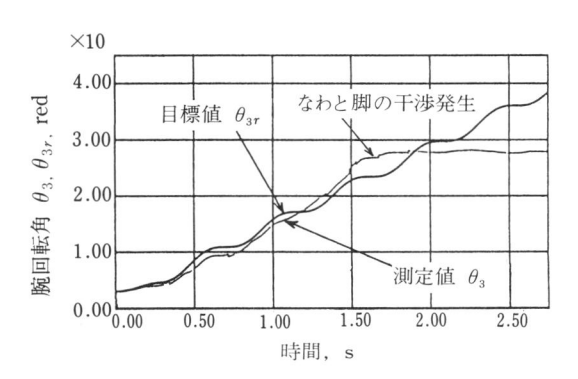

図 6.15 パラメータ補償と跳躍開始時間補償を行わない場合のなわの回転角の変化

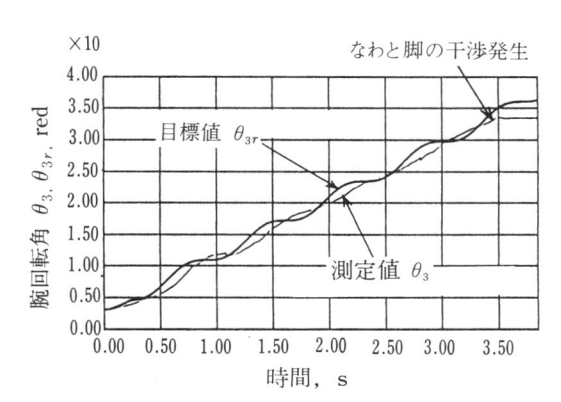

図 6.16 パラメータ補償はするが，跳躍開始時間補償はしない場合のなわの回転角の変化

以上の実験結果より，着地時の衝撃トルク補償，なわ付き腕の回転時のパラメータ補償，跳躍開始時間に対する補償を行うことの有効性を確かめた．こうしてロボットの着地時の衝撃を吸収し，なわと脚の干渉をなくして安定な連続なわとび動作を実現した．

(a) 脚傾き角の時間的変化

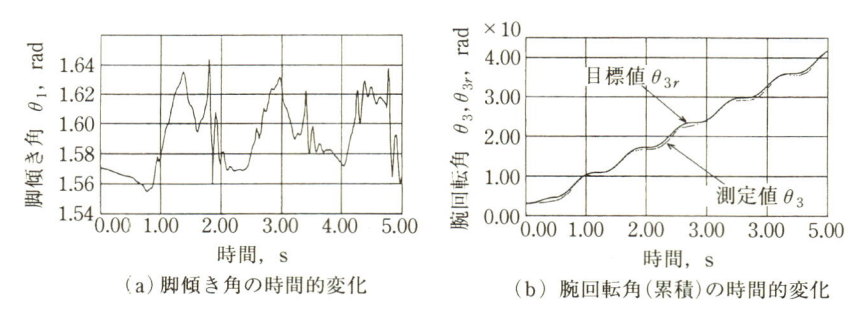

(b) 腕回転角（累積）の時間的変化

図 6.17　パラメータ補償と跳躍開始時間補償の両方を行って連続なわとびを実現した実験結果

6.8　まとめ

　跳躍と作業を同時に行うロボットとしてなわとびロボットを開発し，1回だけのなわとびには簡単に成功した．しかし，ロボットに連続なわとびをさせるには床面が及ぼす衝撃トルクを考慮した制御が必要なことを知った．衝撃トルクを考慮することにより，ロボットで連続なわとびを実現した[149]．

　そのためには，1回だけのなわとびからさらに1年数カ月を要し，有効な制御則の開発のためにはかなり現場的な対応も必要であった．その後，この研究はなわとび運動のアニメーション化[150]，太陽電池を利用した傾斜角の測定法の開発[151]，なわとび移動の研究[152]などへと発展している．

第7章 物まねロボットと画像認識

7.1 ロボットの視覚による動作と環境認識

　1990年代に入って産業用ロボットへの関心が一段落すると，知能ロボット・メカトロニクス，知能システム，マイクロロボット・マシンが新たな研究対象となった．

　本章では，知能ロボット・メカトロニクスおよび知能システムには欠かすことのできない，ロボットの視覚による動作，環境および対象物の認識に関するアイデアと研究成果を述べる．さらに，パターン認識の生産自動化への応用とオフィスビル環境におけるロボットの自己位置認識，およびハエの食物探査行動にならった生物的実時間画像抽出法を紹介する．

7.2 物まねロボット：実演によるロボットへの動作教示

　1978～1980年度に山梨大学と13企業の産学共同研究によって開発されたスカラロボット[7]は，組立て作業自動化の切り札として，80年代初めから生産設備への導入が急速に進んだ[8]～[11]．著者の一人は，1982年9月から半年間，台湾の清華大学に招かれ，講学と研究支援をすることになった．大学院生にロボット工学と自動組立て技術を講義することになっていたので，国内企業を訪れて最新のロボットを用いたFAの実態，特にスカラロボットの稼働状況を調べた[10]．

　関西の電子部品メーカーを見学したとき，自動化センター長から"スカラロボットは高速で繰返し精度もよく，水平方向の柔軟性が大きいので，組立て作業に向いている．しかし，うちみたいにロットサイズが小さく品種切換えが頻繁なところでは，ロボットに作業を教えるだけでも大変だ"．"当社は常時600以上の協力企業を抱えているが，人間ならば，いちいちプログラムを作ることも要らず，口で教えればよい．部品を手に取って教えれば子供でも作業をしてくれる"といい，作業教示の点ではロボットよりもパートのおばさんの方が優れているといわれた[153]．

　それ以来，パートタイマーにも対抗できるロボットの教示法はないものかと考えてきた．音声による教示も考えたが，当時は使い物になる音声認識装置は

なかったので,別の方法を模索した.台湾から帰って,しばらくしてセンター長の言葉を思い出し,人が品物を手に取ってロボットの前で積み木を積むような動作をすると,それをまねてロボットに同じ動作をさせることはできないかと考えた.これが"物まねロボット"研究のスタートになり,実際には1987年度の卒業研究として研究を始めた[154].

7.2.1 ロボットへの動作教示法

産業用ロボットに作業や動作を教示する方法には,大別して人がロボットを動かして直接教示するもの(teaching playback)と,人が作成したソフトウェアによるもの(offline teaching)がある.

前者では,人間がロボットの腕を手でもって工具先端を作業対象物に当てるか,近接して動かした位置や姿勢のデータをロボットに取り込み,それと同じ動作をロボットに再演(プレイバック)させて不具合を作業者が手直しして再教示するか,あるいは人間が教示装置(ティーチングペンダント)を操作してロボットを動かして動作を教示する.

オフラインティーチングでは,人間がキーボードから命令を入力するか,ほかで作ったプログラムをロボットコントローラにダウンロードするが,この場合も教示した結果に基づいて,実際にロボットが正しく動作しているかどうか,何らかの方法で作業者が確認する必要がある.

以前は,ベテラン作業者がロボットに動作を教示するため,アームを抱えて動かす光景も見られた.これは,やり方を覚えると簡単で,面倒なソフトウェアを作る必要はなく,ベテランの技能をロボットに取り込むことができるが,大変神経を使う作業で危険でもある.

1990年代になると,マイコンとディジタル信号処理装置(DSP)の高性能化・低価格化によって6軸の垂直多関節ロボットですら実時間で動作教示ができるようになり,現場でティーチングペンダントを操作してロボットに教示を行うことが容易になった.オフラインで作成したソフトウェアによって基準点または基準動作の確認を自動でやれるようになったが,それでも単純な作業か決まりきった作業以外はいきなりロボットを動かすことは危険で,熟練したロボットオペレータによる動作と周辺機器との関係のチェックが不可欠である.

"物まねロボット"は,第三のロボット教示法ともいうべきもので,人間がロボ

ットの視覚の前でワーク (workpiece) を組み立てる動作を行うと，ロボットが人間のまねをして同じ動作をするものである．人間の動作を時系列画像としてカメラで取り込み，パソコンで一連の動作を認識し，それを最適化した情報を教示データとしてロボットを自動的に動作させることが物まねロボットのコンセプトである．

7.2.2 物まねロボットシステムと動作例

ロボットには最上位のおおまかな命令を与えるだけで，個々のタスクレベルの動作命令を与えることなく，ロボットがセンサによって外界や対象物を認識することにより動作パターンを判断し，自動プログラミング機能によりみずからの動作命令を作って，人が期待する動作を行うことを目的とする．ロボットは，三次元視覚装置によって人の身振りや動作を認識し，これをまねて同じ動作を行う．

実験装置を図 7.1 に示す [154]．ロボットの上方にレンズを下に向けた CCD カメラ A，レンズを作業範囲の側面に向けた CCD カメラ B を設けている．ロボット手先には真空吸着パッドを取り付けた．作業台上に置かれた物体は，カメラ A で平面図相当の形状，カメラ B により側面形状を取り込み，パソコン上で両画面の情報から立体形状として認識する．カメラ B の画像は，ロボットが物体をハンドリングする際に必要な吸着パッドの先端の位置決めのための物体の高さ測定にも用いる．開発した画像認識システムでは，複数の物体がランダムに置かれていても正確な形状を判断することができる．

最初の実験は，作業台の上で人間が清涼飲料水の缶を 3 個，

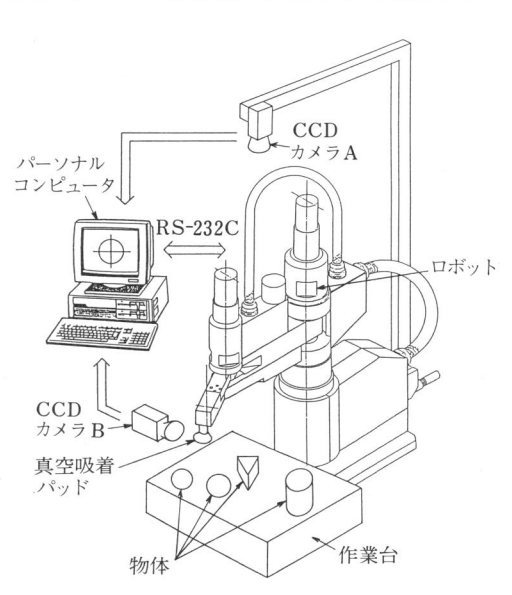

図 7.1 物まねロボット実験システム

正三角形状に並べる動作を行った結果を2台のCCDカメラで撮影して，缶配列の画像を抽出して認識する．パソコンによる缶配列の認識終了後，人間が作業台の中央部に置かれた缶を全部取り去って台の一つの端に一列に並べ替え，再び画像の取込みと抽出・認識を行う．物まね動作のフローチャートを図7.2に示す．

人が缶に操作を加える前後の画像から人の動作を判断し，ロボットに対する動作命令を自動的に生成し，最後にロボットを動作させる．ロボットのスタートボタンを押して，あらかじめ教示してあるつまみ装入（pick and placing）動作プログラムを走らせてロボットを動作させる．ロボットは最初と最後の缶の配列を認識しているので，最後の画像の認識結果に基づいて3個が一列に並んだものから1個ずつ吸着パッドで取り上げて最初の状態と同じ位置に置いていき，最終的に缶3個を初めの正三角形状に並べることに成功した．

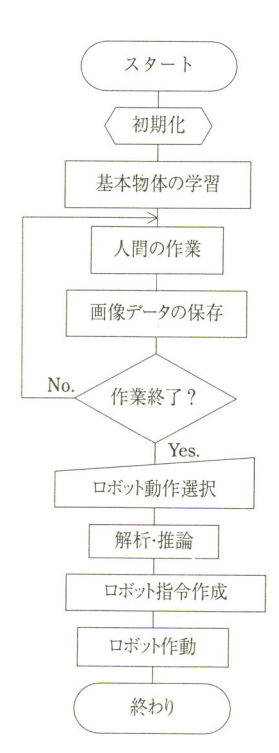

図7.2 物まね動作のフローチャート

本方法では，正確に物体形状を認識することに重点をおき，画像取込みは縦横方向に各2回行ったので，二値化と物体認識に約30sを要した．こうして，ロボットは人間の動作を認識し，それをまねて同じ動作を行うことができた．実験した学生によれば，ロボットはプルタブを外した缶と外していない缶とを区別して，それぞれを元の位置に置いたという．

以上は，人間の動作を認識して同じ動作をプレイバックするだけのものであるが，そのために必要な動作内容や順序を，人間がロボットに直接教示したりソフトウェアに記述することなく，必要な単位操作（unit operation）のプログラムを指定（選択）するだけで，視覚認識システムによって人間の動作を認識・判別し，ロボットが自動的に同じ動作を実現したという意味で大変重要である．

7.2.3 接触状態判別と障害物回避行動

山藤・千々松[154]は，物まねロボットを用いて物体の接触状態判別と障害物回避を行った．複数個の多角形が辺で接触している場合，判別機能がなければ，視覚システムはそれらが1個の多角形であるか辺で接触する複数個の物体であるかを判別できない．接触状態の判別法として，視覚システムが単一物体として認識している多角形の頂点の最初の3個で形成される三角形の重心を計算する．重心をロボットの吸着パッドで吸着して物体を少しずらす．

操作を2回繰り返した後に再び画像を取り込んだとき，物体が最初と違う形状をしているか，あるいは複数個となっていれば，最初の図形は複数個の物体が辺で接していたと判断する．アルゴリズムにより，実際に複数の物体間の接触状態を認識することができた．

障害物を回避してロボットで物体を把握をする場合，出発点から目標点まで途中の障害物を回避しながら最短距離で移動することが望ましい．本システムでは，CCDカメラで取り込んだ画像を処理することで，障害物の位置関係，形状，大きさなどを認識できる．これを利用して，複数の任意形状の障害物が置かれた作業台上をロボットアーム先端が物体を把握して障害物を回避しながら安全に移動する経路を探索できる．

図7.3は，それぞれ障害物間の通り抜けと遠回りによる障害物回避の実験結果である．簡単のため円以外の物体はすべてその外接円で近似した．

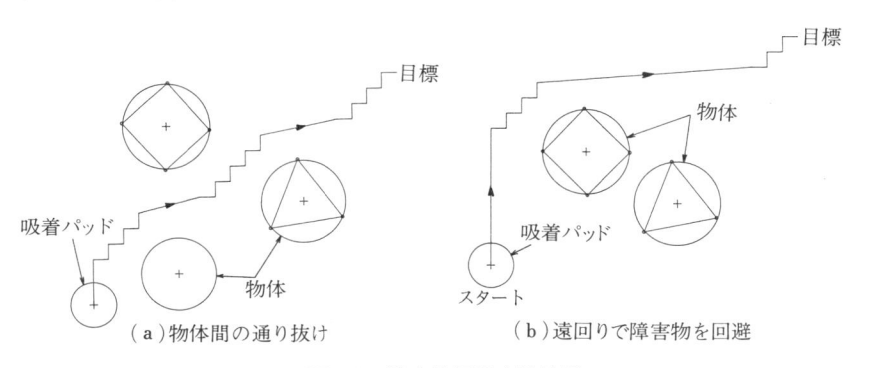

(a) 物体間の通り抜け　　(b) 遠回りで障害物を回避

図 7.3 障害物回避実験結果

7.2.4 人間の動作に基づいた物体の構成法の学習
(1) 物体構成の解析

山藤・大崎[155]は，パターンマッチング法により物体構成の解析を行った．物体の特徴として頂点の数，頂点情報（位置，直線または円弧など），対称性，重心，面積の六つを抽出し名前をつけて学習し，パターンマッチングに利用する．図7.4に解析状態を示す．

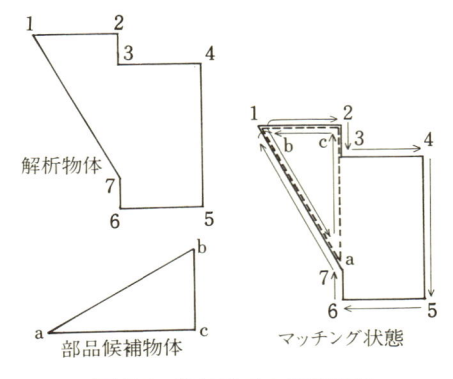

図7.4 物体構成の解析状態

アルゴリズムでは，学習した物体の中から面積が等しいか，小さいものを選ぶ．物体の頂点の一つに着目し，内角が等しいか，小さい角をもつ物体をすでに学習しているものから選び，各頂点と頂点を含む辺が一致するように座標変換する．その状態で領域を判断し，中に含むことができればそれを構成部品として採用する．次に，その部品を取り除いて整形する．以上の操作を繰り返して部品の可能な組合せが物体構造の解としてすべて探索される．

複数解の場合，拘束条件を与えて解を絞り込むことができる．拘束条件は，「部品はすべて異なる」，「部品は3個である」などである．

(2) 部品の自動分解と自動組立て動作

部品の自動分解では，初期状態として複数部品からなる物体を与え，構成を推論し，解の評価順位に従って分解する．分解作業ごとに画像を取り込み，解から予想される状態と比較する．違いがあれば，それ以下の順位解の中から解候補を探索し，解がなければ再解析して完全に分解されるまで作業を続ける．自動組立ては自動分解の逆を行う．

(3) 展開された正六面体の組立て

小嶺・山藤[156]は，ロボットによる人間の動作の認識例として，「平面上に展開された立体の展開図から立体を組み立てる作業過程を認識する」ことを行った．ボール紙で作られた正六面体の展開図から直方体を組み立てる動作は，①持ち上げる，②回転する，③移動する，④置く，⑤折り曲げる，および⑥辺

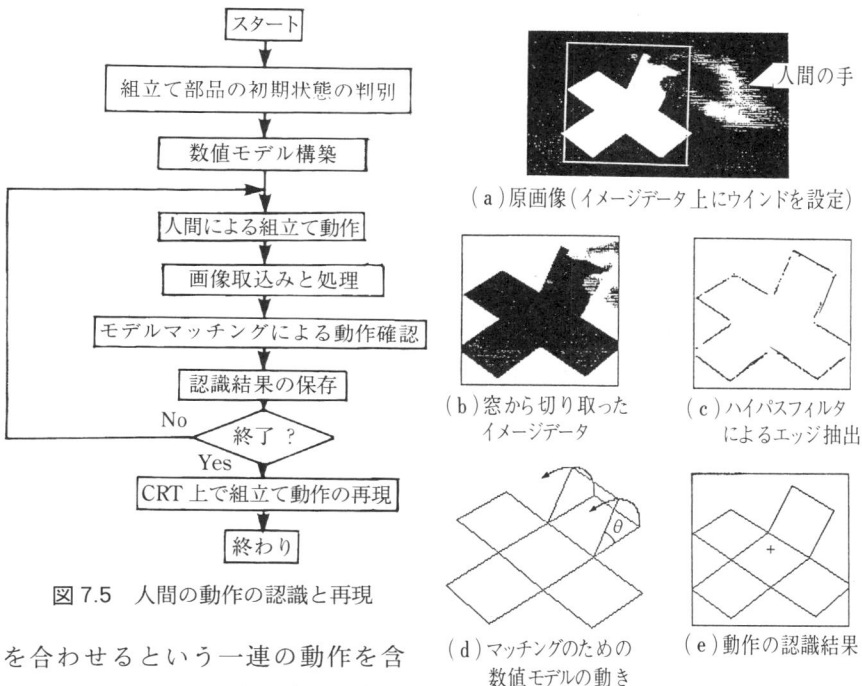

7.2 物まねロボット:実演によるロボットへの動作教示

図 7.5　人間の動作の認識と再現

図 7.6　人間の動作の数値モデルの構成過程

(a) 原画像(イメージデータ上にウインドを設定)
(b) 窓から切り取ったイメージデータ
(c) ハイパスフィルタによるエッジ抽出
(d) マッチングのための数値モデルの動き
(e) 動作の認識結果

を合わせるという一連の動作を含む．次に，⑤の折り曲げ動作を中心として動作認識を行った例を示す．

人間の動作の認識と再現手順を図 7.5 に示す．認識システム (パソコン) で組立て対象の立体と同じ面構成をもつ三次元空間関数値モデルを構築する．数値モデルを視覚装置のカメラの位置に合わせて変換することで二次元座標に表現して画像データとのマッチングをとり，現在の動作の状態を認識する．

展開図の面構成の判別 (モデルの構築) の詳細[156]は省略するが，人の動作を認識した結果をコンピュータ内で数値モデルとして構成する過程の一部を図 7.6 に示す．これより，展開した正六面体から人が直方体を組み立てる動作過程で連続的に認識することが可能であり，ロボット動作プログラムを自動的に生成することができた．

(4) 実演による作業教示

物まねロボットの概念は，まだ言葉を理解することができない幼児にものを

教える場合と同じように,"ロボットの視覚装置の前で人がある動作をすると,それを視覚センサと認識システムによって動作を認識・学習して,ロボットが人の動作を空間的画像のシーケンスとして理解して人と同じ動作を再演するもの"ということができる.これは,人間同士ではごく自然に行われている"動作をしてみせて教える"教示法である.

國吉・稲葉・井上[157]~[159]は,"実演による作業教示(teaching by showing)"について研究を行った.林・木村・中野[160]は,ロボットビジョンによる物体の凸多面体モデルの自動生成について発表した.Ikeuchi, Suehiro[161]は,教示者が組立て作業を行うと,それをロボットが観察・理解し,同一の行動を行うロボット動作プログラムを自動的に生成したが,これも物まねロボットと同じ概念に基づくと考えられる.

Liu, Asada[162]は,人間の動作と力のスキル(技能)のロボットへの教示,池内・カン[163]は,視覚によるハンドの教示についてそれぞれ解説した.動画像による人の動作とジェスチャーの教示については,岡・高橋ら[164]の解説がある.

7.3 ジェスチャーによる人間とロボットのコミュニケーション

1988年1月の新聞に"手招きがわかる機械"[165]という記事がある.成蹊大学の研究グループは,人間の身ぶり手ぶりの動作を認識する視覚システムの開発に取り組み,80%以上の確率で判別することができたという.1996年2月には手ぶりで電算機に指令する人工網膜チップ[166]が発表された.

これらは,"物まねロボット"や"実演による動作教示"の概念と似たものであるが,人間のジェスチャーによる指令や,それが意味する概念を実時間でロボットが認識し,機械の側に適切な動作を発現させることができれば,将来の人間知能機械システムに計り知れない利益をもたらすに違いない.

われわれは,緒論の5節で述べた"サービス用知能移動ロボット(ISロボット)"の開発において,ジェスチャーによる人とロボットのコミュニュケーションを行った.このロボットは,オフィスビル内で自律的に移動して専門のロボットオペレータの助けを借りずに人と共存して作業をしなければならないので,

人との対話やジェスチャーによるコミュニケーションが可能でなければならない[167]．そこで，ロボットと人間の直接コミュニケーションのための人のジェスチャー認識に関する研究を行った[168),169)]．間瀬[172)]は，顔とジェスチャーの検出と認識に関して解説した．

7.4 視覚センサを用いた自己位置認識システム

IS ロボットでいう自律移動とは，オフィスビル環境における障害物回避，ドアの開閉，エレベータの操作など，さまざまな計画された行動の集合である．いずれかの動作が失敗した場合，自律移動を実行できない可能性がある．そのため，ロボットは随時，自律的に自己の絶対位置を把握している必要がある．ISロボットの自己位置認識法には内界センサを用いた相対的位置計測と外界センサを用いた絶対位置認識法の2種類がある．

人間の認識における視覚情報の占める割合は80％以上といわれており，最近，ロボットの外界センサとしてCCDカメラによる視覚情報の重要性が広く認識されるようになり，自己位置認識にも積極的に利用されようとしている．

7.4.1 自己位置認識

IS ロボットでは，視覚情報による自己位置認識法として，部屋番号表示板の認識による **大域的自己位置認識** と，ビルの廊下に既存の二つの非常灯と一つの消火栓ランプをランドマークとして検出し，三角測量により自己位置を補正する **局所的自己位置認識** を併用して自己位置認識の信頼性向上を図っている[171)]．これら2種類の絶対位置情報とロ

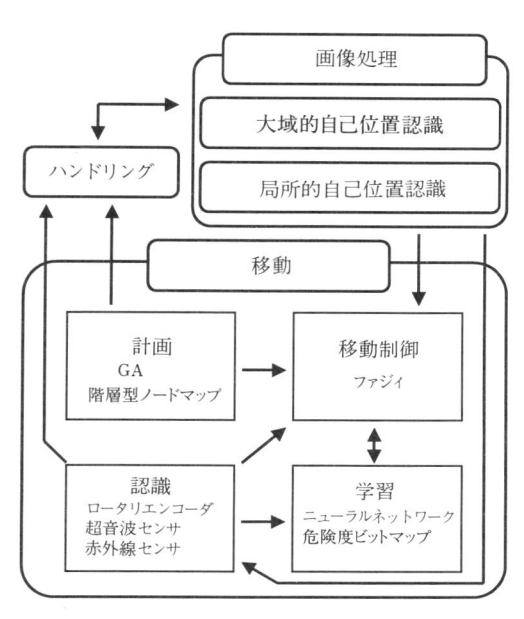

図 7.7　IS ロボットの自律移動システム

ボットの体感情報であるデッドリコニング（dead-reckoning）方式[172]で求めた相対位置情報との関係を示し，有効性を検証する．

ISロボットの自律移動システムは，図7.7に示すように移動体の自律移動を担当する移動制御システム，移動体とマニピュレータの協調動作のためのハンドリングシステムおよびCCDカメラにより環境認識を行う画像認識システムからなる．これらを上位の管理システムが一元的に管理する．

(1) 内界センサによる自己位置認識

本ロボットを導入するため，環境には特に手を加えない通常のオフィスビル内を考えているが，人間とは異なり環境情報を建築図面情報としてもつことができる．移動制御システム内の環境認識機能を用いて地図上に設定される絶対座標上のロボットの位置と方向を認識する方法を適用する．

内界センサとして移動体の左右車輪駆動用モータに取り付けたエンコーダ情報を用いて，デッドリコニング方式より二次元平面での相対的自己位置と方向を求める．これは，人間の体感情報による位置推測に相当するもので，比較的平坦なフローリング敷き廊下で実施した移動実験で，直進誤差1％，同回旋誤差2.3％が可能であることを確認した．

(2) 視覚センサによる絶対位置認識

デッドリコニング方式による自己位置測定法では，検出誤差の累積と計算誤差，車輪の滑りやドリフトなどの外乱，車輪半径の経年変化などから測定結果の信頼性に疑問がある．

田中・山藤ら[171]，渡辺・井上ら[173]は，ロボットに搭載した画像認識システムで得られる視覚情報を用いて移動環境のもつ特徴量を抽出し，ランドマークとして地図情報と照合することにより絶対位置認識を行う方法を開発した．この絶対位置認識システムを局所的認識（以下，LSP）と大域的認識（以下，GSP）に分けて必要に応じて利用した．

7.4.2 局所的自己位置認識（LSP）

ロボットが移動する環境に既存するランドマークをセンサで検出して局所的な自己位置を認識する方法には，天井の蛍光灯を用いる方法[174],[175]，環境にある円柱形状を検出する方法[176]，街路樹をランドマークとして屋外で位置認識を行う方法[177]などが研究されている．ISロボットでは，廊下環境に既存する

ランドマークである非常口誘導灯と消火栓ランプを用いた．

　天井の蛍光灯は夜間，消灯されると判別不能となるが，非常灯と消火栓ランプは法律により建築物に設置を義務づけられており，夜間でも停電時にも消灯されず，障害物がなければ24時間利用できる．また，誘導灯は緑色の長方形，消火栓ランプは赤色の円形とそれぞれ，色と形状に特徴をもち，形も単純で画像認識が容易と考えられる．さらに，絶対座標は建築図面に基づいて地図情報に登録しておくことができ，少ない記憶容量で足りる．

（1）ランドマーク抽出のための画像処理

　廊下環境に既設の非常灯と消火栓ランプを2段階の画像処理によって抽出する．初期走査として，ロボットに搭載したCCDカメラの最大視野内で周囲をある間隔で二次元的に全方向撮影し，あらかじめ記憶した情報と比較することによってランドマークの候補を検出する．

　確認走査として，初期走査で検出された候補をそれぞれ拡大し，ランドマークであるか否かの最終確認をする．検出した消火栓ランプ一つと非常灯二つの位置を求め，水平面上でロボットとそれらがなす角度を計算する．初期走査によってランドマーク候補が存在すると判断された画像の中から確認走査によって非常灯を検出する．

（2）LSPによる自己位置計測法

　廊下の長手方向両端にある二つの非常灯と中央付近にある消火栓ランプ一つ

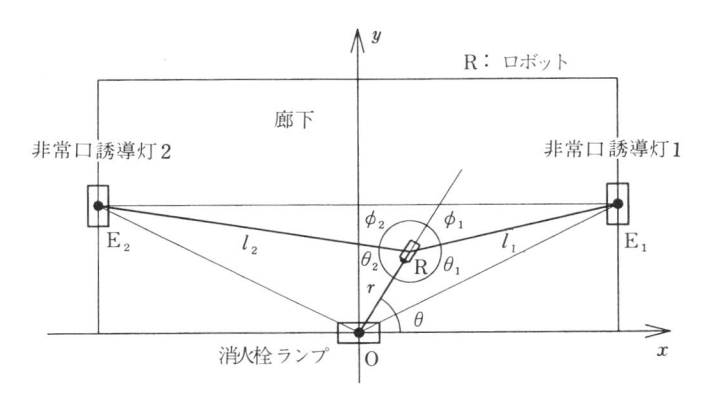

図7.8　廊下のモデルと既存ランドマークの配置

▨：誤差＞ドアの半幅（450 mm）　　▧：誤差＞ドアの幅（900 mm）

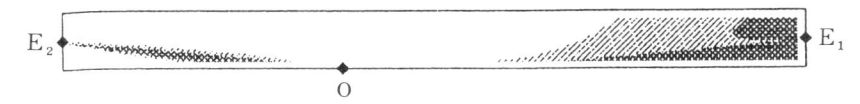

図 7.9　LSPにおける理論測定誤差（シミュレーション結果）

のランドマークに対するロボットの相対角度を移動体が静止した状態で計測し，三角測量によりロボットの絶対位置と方向を求める．ビル廊下のこれら三つのランドマークとロボットの位置関係を 図 7.8 でモデル化し，廊下の長手方向を x 軸，幅方向を y 軸，消火栓の位置を原点 $(0, 0)$，二つの誘導灯位置を E_1 (x_1, W)，$E_2 (x_2, W)$ とする．

また，廊下の幅を $2W$，ロボットの位置を $R(x_R, y_R)$ とし，ロボットの位置を極座標で表したとき $R(r, \theta)$ となるものとする．さらに，$|RE_1| = l_1$，$|RE_2| = l_2$ とおく．画像認識結果から θ_1，θ_2 が得られ，$\phi_1 = \pi - \theta_1$，$\phi_2 = \pi - \theta_2$ の関係より ϕ_1 と ϕ_2 の値を求める．

廊下環境のモデルについて，実測した廊下の各パラメータとロボットのエンコーダの分解能などから廊下の各位置における測定誤差を計算した結果を 図 7.9 に示す．図によれば，LSP では点 O，E_1 および E_2 を頂点とした三角形の外接円上は特異点となり誤差の算出ができない．図のように，外接円近傍では誤差は大きくなるが，十分離れた位置における誤差はドアの半幅以内となる．そこで，ロボットが外接円から十分離れている場合には LSP による位置補正が利用できると思われる．

（3）実験結果

図 7.8 と同じ実環境で LSP によってロボットの絶対位置の測定を行った実験結果を 表 7.1 に示す．真の値に偏差をもたせた理由は，移動体の位置決め誤差を見込んだためである．時刻 PM 1 : 00 の測定値はシミュレーションで明ら

表 7.1　LSP 認識実験結果

時刻	真の位置，m	測定位置，m
PM 0 : 00	$(0.00 \pm 0.03,\ 1.25 \pm 0.03)$	$(0.06,\ 1.32)$
PM 1 : 00	$(-3.66 \pm 0.03,\ 0.68 \pm 0.03)$	$(-7.97,\ 0.90)$
PM 6 : 30	$(0.00 \pm 0.03,\ 1.25 \pm 0.03)$	$(0.05,\ 1.33)$

かとなった大きな誤差が生じる外接円近傍の値であり，実際にはどれだけ測定誤差が生じるかを示したものである．

図7.8の点O，E_1およびE_2を通る外接円から離れた消火栓付近の場所（PM 0：00, PM 6：30）では，昼夜を問わずよい精度で測定できた．廊下の全長が約31 mであることを考慮すれば，約30 mで測定精度10 mmのオーダで位置測定が可能になる．これは，部屋などへの進入を考えた場合，十分な精度である．PM 1：00のように外接円近傍での測定のみならず予想外の要因によって測定結果に異常誤差が発生する場合，GSPによる認識結果と照合して判断している．

7.4.3 大域的自己位置認識（GSP）

LSPでは，廊下環境におけるロボットの位置を非常口灯と消火栓ランプに対する位置関係を内界センサで測定して割り出した．オフィスビル内などでは同様な環境がいくつも存在し，そこに到達するまでの過程を知らなければ人間でも判断がつかない場合がある．人間ならば部屋に表示された数字や文字を認識することで自己位置を認識することができることから，これを大域的自己位置決め法（GSP）として利用する．

（1）部屋番号認識によるGSPと画像処理

環境に既存する特徴的なランドマークとして部屋番号表示板を用いる．これは部屋や特定領域ごとにその機能，利用者，位置などを示すもので，これより部屋単位で大域的な位置の同定を行うことが可能となる．通常，ビル内の部屋番号表示板は，設定位置，プレートの大きさ，文字の大きさや書式が統一されていることが多く，特定対象と絶対位置を割り出す有力な手段となる．

GSPにおける部屋番号認識では，CCDカメラで取得した画像から文字列と数字列を検出し，カメラと表示板の位置関係をもとにした可変テンプレートで処理対象領域となる部屋番号表示板の切り出す．取り込んだ画像に含まれる誤差・外乱などを除去するため，補正と正規化し，さらに補正画像から表示板フォームに基づいて部屋番号を認識し，大局的な絶対位置を確定する．処理の詳細は文献171)に譲る．

（2）実験結果

部屋番号の認識所要時間は約40 sである．実験によって得られた各階およ

表 7.2 GSP 認識実験結果

階数	試験回数	成功回数	成功率, %
3	18	16	88.9
4	20	17	85.0
5	20	13	65.0
8	16	15	93.8
合計	74	61	81.5

びビル全体の試行回数，認識成功回数および認識成功率を表 7.2 に示す．5 階での認識率だけが 65 % と低いが，全体として 80 % を超えている．

認識失敗の原因として，蛍光灯の光や太陽光が直接表示板に当ったことによる極端な光の反射・逆に極端に暗い環境，表示板とカメラとの間に障害物が介在し取得した画像から表示板が欠落したこと，5 階では漢字やひら仮名とは異なるフォントで表されるかた仮名を含む表示板が比較的多いため認識率が落ちたことが考えられる．

7.5 生物的実時間画像抽出

IS ロボットでは，作業腕の上に搭載した CCD カメラで前述の自己位置認識を行うほか，障害物検出，エレベータパネルの操作，ドアノブ検出とドア開閉，自動給電のためのビル壁面の電源コンセントへのアクセス，清掃，運搬などのさまざまな作業や操作がある．視覚認識で重要なことは実時間認識であるが，従来の方法では，取得した画像データ全体について画素単位で処理するため，実時間の認識は困難であった．特殊なハードウェアによる高速化や画像圧縮などが考案されているが，IS ロボットには問題がある．

本研究では，従来の画像処理法とは異なった原理に基づく実時間画像処理法として生物的画像抽出法を開発し，実験により有効性を確かめた[17]．

7.5.1 ハエの行動に倣った新画像処理法のコンセプト

従来の画像処理法の欠点を克服するため，本研究では昆虫の本能的行動に着目した．提案する手法は，CCD カメラで取得した画像データ全体を処理するのではなく，画面上を自由に飛び回る微小領域を利用して画像の特性を同定することで高速化を実現した．この微小領域の一つ一つは，画面上で生物のハエと同様な振舞いをして食物，つまり対象物を探索することから，この移動する処理単位を仮想的なハエ（virtual fly，以下 VF）と呼ぶ．

図 7.10 は VF の動きを模式的に示す．各 VF は色判別部をもち，現在自分が

7.5 生物的実時間画像抽出

いる場所の色があらかじめ記憶させられた対象物の色かどうかを判別してレベルを設定する．また，各 VF はレベル情報により後述の単純な行動規則に従って移動し，対象物と背景の境界上に集まり，閉じた多角形群落（コロニー）を形成する．VF の座標とレベルは形状の判別を行う形状判別部と位置計算部に渡され，対象物の中心座標が出力される．

図 7.11 は，位置計算部から出る対象物の座標が

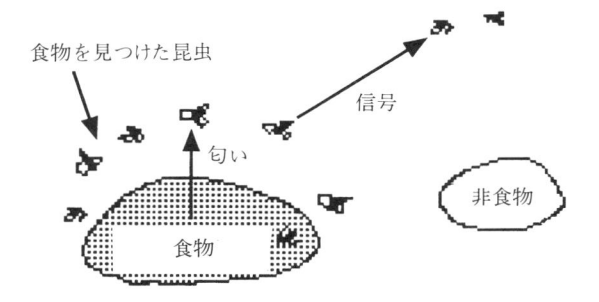

図 7.10　昆虫の本能的行動（食物探査）

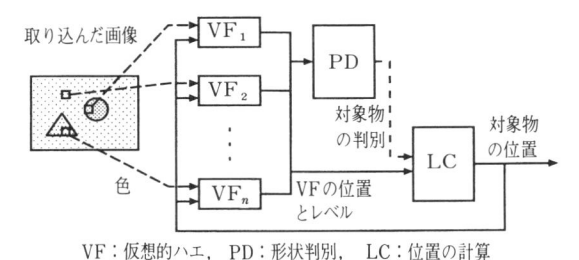

図 7.11　生物的画像抽出法の概要
VF：仮想的ハエ，PD：形状判別，LC：位置の計算

各 VF にフィードバックされ，ハエの集団的行動にならっている点が従来の処理法における情報の流れとは大きく異なる．

(1) 1匹のハエに相当する VF の行動規範

1匹のハエに相当する VF は 3×3 ピクセルからなり，画面全体では数十個使う．行動決定部は，色判別部の結果に基づいて設定されるレベル情報と複数の VF が集まって形成するコロニーの中心座標をもとに移動すべき次の位置を決定する．1個の VF の行動は，個々の状態とシステム全体の状態によって決定される．VF の各状態に対して次のようにレベルを設定する．

　　レベル0：一定時間以上，対象物を見失っている状態，
　　レベル1：対象物らしき物を見ていたが，現在は見失っている状態，
　　レベル2：現在は対象物らしき物を見ている状態の3段階とし，
システム全体のレベルは以下の2段階とする．
　　レベル0：すべての VF がレベル0の状態，

表 7.3　VF の行動規則

システムの レベル	VF の レベル	VF の挙動
0	0	random & VF repulsion
1	0	colony attraction & VF repulsion
1	1	colony attraction & VF repulsion
1	2	colony repulsion & VF repulsion

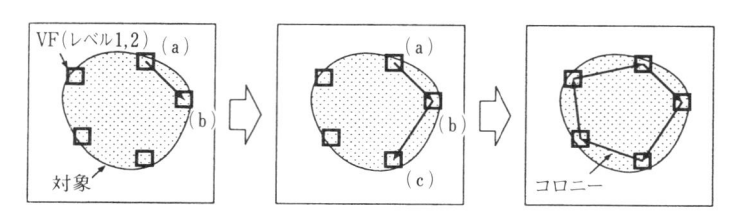

図 7.12　VF によるコロニー形成

　レベル 1：1 個以上の VF がレベル 1 以上の状態．

　各 VF は，上記レベルの組合せにより表 7.3 のルールに従って行動を決定する．表中における各行動の意味は次のとおり．

　　random：ランダムに動く

　　VF repulsion：最も近い VF から離れる

　　colony attraction：最も近いコロニーの中心に集まる

　　colony repulsion：最も近いコロニーの中心から離れる

　このようなルールによって，各 VF は対象物の輪郭に群がり，図 7.12 のようにコロニーを形成する．

（2）対象物抽出法

　生物的画像抽出法では，以下の 2 種類の判別法により対象物を抽出する．

① 色による対象物抽出

　VF は，すべて同じ色判別部をもち，あらかじめ記憶した特定の色集合とその他の色を判別する．記憶する色集合は複数の色が混在しても構わない．色判別部では図 7.13 に示すように，前処理として色変換を行い，0〜255 の整数値をとる RGB 信号から Hue（色相），Sat（飽和度），Y（輝度）信号に変換した後，メモリマップ[17]を参照して判別する．輝度は，カラーテレビ放送用の標準表

色系として知られる YIQ 表色系の Y 信号を用いる．各 VF の個体は，記憶した色情報をもとに対象物（餌）であるか否かを判断し（個別的判断），前述の行動規範により餌ではないと判断した場合には画面上を飛び回り，餌を見つけた場合には他の VF とともにコロニーを形成する．

② 形状による対象物抽出

コロニーを形成する VF 同士の距離を計算し，最も離れた二つの VF を探索する．二つを結ぶベクトルの方向に ξ 軸をとり，ベクトルの大きさを 1 とする ξ-η 座標系を考え，コロニー座標系と呼ぶ．形状判別部は各 VF の座標をコロニー座標に変換した後，ξ, η, θ の三つの値から対象物らしさの値（0〜1）を図 7.14 のようにメモリマップをもとに決定し，コロニー全体の出力の平均値から対象物であるか否かを判別する．

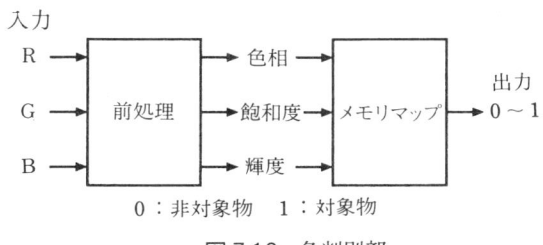

図 7.13 色判別部

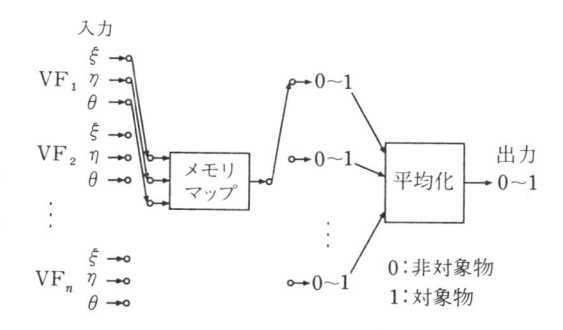

図 7.14 形状判別部

対象物であると判断した場合，コロニーを形成した VF 集団は他の VF に対して対象物の場所を知らせ，ついにはすべての VF が対象物の輪郭上に集まる．個別的判断によって一時的に対象物であると判断した VF も，集団的判断により対象物とは異なることが判明した場合には他の対象物らしきものを探して画面上を飛び回る．つまり VF は個体意識よりも集団意識を重視するという特性がある．

7.5.2 VFによる画像抽出実験結果
(1) 対象物抽出実験

VFによる対象物抽出実験を行った．装置はパソコン（Pentium CPU, 120 MHz），CCDカメラおよび画像処理ボードからなる．すべての実験で画素数を320×200，VFの数を32とした．初めに静止した対象物を検出した．

① 異色同形状の対象物

CCDカメラの前に異なった4色（黄，緑，青，赤）の4枚の紙を固定したところを図7.15 (a)に示す．紙は，いずれも一辺が75 mmの正方形でカメラとの距離は約1 000 mmである．抽出対象物として赤い紙を記憶させて実験を行った．図7.15 (b)〜(d)に処理過程を示す．

カメラで取り込んだ画像（原画像）の中の対象物をめざして画面内に散らばったVFが集まってくる．0.27 s後には対象物の境界近くに5個のVFが集ま

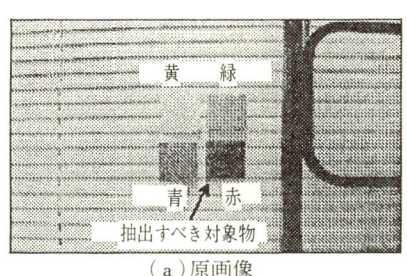

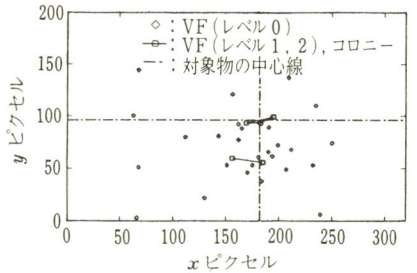

(a) 原画像

(b) 赤色の正方形対象物の抽出（0.27秒後）

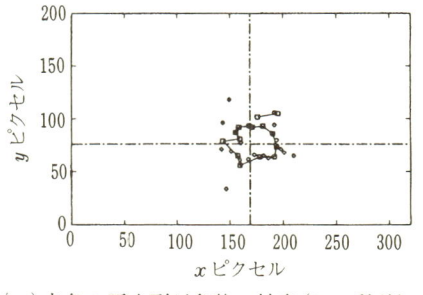

(c) 赤色の正方形対象物の抽出（0.40秒後）

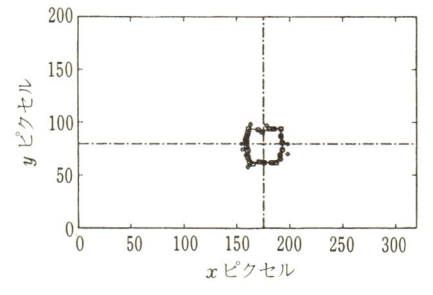

(d) 赤色の正方形対象物の抽出（0.67秒後）

図7.15　異色同形状の対象物の抽出

り，しだいに数を増やして 0.67 s 後には対象物である右下の赤い正方形の境界（輪郭）にすべての VF が集まり，異色同形状のものの中から対象とする色画像の抽出に成功している．結果は，パソコンレベルの処理では十分に高速であるといえる．

② 同色異形状の対象物

カメラの前に同色（赤）で形状の異なる紙を固定して実験した．抽出対象物として正方形だけを記憶させた．最初は，両方の物体にコロニーを形成しているが，0.8 s 後には正方形だけに VF が集まることから同色でも形状が異なれば別の物として抽出できることを確かめた．

③ 同色同形状の対象物が 2 個ある場合

カメラの前に赤い正方形の紙を 2 枚固定して実験した．VF は両物体のいずれの輪郭にも集まり，約 2 s 後には二つのコロニーを形成した．

（2）実環境における対象物抽出

サービス用知能移動ロボットは，通常のオフィスビル内を作業環境としているが，環境にはロボット導入のために特別な設備を設けない．そのため，視覚センサを用いて環境に既存するものを抽出する必要がある．エレベータ操作パネルを認識して操作パネル内の階数表示領域を抽出した結果，1.17 s 後には対象物の輪郭上にほとんどすべての VF が集まり，対象物を抽出した．

IS ロボットは 1 腕マニピュレータをもち，その上に CCD カメラを搭載しているので，ハンドを動かしてカメラ位置を変えて測定し，対象物とロボット間の距離を測定した．実験によれば距離 1 m で誤差は 7 ％ 以下であった．

7.6　ロボットを用いた非接触三次元計測

1985 年に修士課程に入学した学生の研究テーマとして，**"ロボットによる物体の非接触三次元計測"** を提案した．数年前からコンピュータ制御の接触式精密三次元測定機の実用化が始まり，国内外で数社から製品が発売されていた[178]～[180]が，非接触式三次元測定機はまだなかった．市販機は直交座標形式で，動作する測定腕の先端に精密な接触式プローブを取り付けて，測定しようとする対象物の表面に接触して測定とデータ処理をコンピュータ制御によって行うものである．

接触式プローブを用いれば高精度な測定ができる一方，センサとの接触によって変形が生じないもの，センサの接触が可能な表面形状をもつものの測定に限られ，センサが接触できない小穴やクラックなどをもつものの測定は不可能である．作業者は，あらかじめ被測定物の位置，概形，寸法をデータとして教示しておく必要がある．難点は高価であり，用途に応じたソフトウェアが必要で通常の用途に手軽に利用することができないことである．われわれは，これらの欠点をカバーするため，安価なロボットと2種類のセンサを用いて物体を非接触で三次元計測する方法を開発し，実際の測定に適用した[181]．

7.6.1 測定システム

開発したロボットによる三次元非接触計測システムを図7.16に示す．ロボットの繰返し精度は，水平軸（$X-Y$面）±0.03 mm，手首水平回転±0.03°，上下軸（Z軸）±0.01 mmである．ロボットの上方に固定したCCDカメラで対象物を撮影し，16ビットパソコンに取り込む．

画素数は244 × 244で59 536画素，解像度は水平・垂直170 TV本以上，レンズは$f=16$ mm，画像取込みに要する時間は1フィールド当たり1/60 sである．非接触位置センサとして半導体レーザアナログセンサを用いた．これは，距離変化を電圧信号（±5 V）として出力する．レーザ光の波長は780 nm，測定スポットの大きさは0.5 × 1 mm，公称測定精度は10 μmである．また実験で用いたものは，基準距離40 ± 1 mm，測定範囲は± 10 mmである．

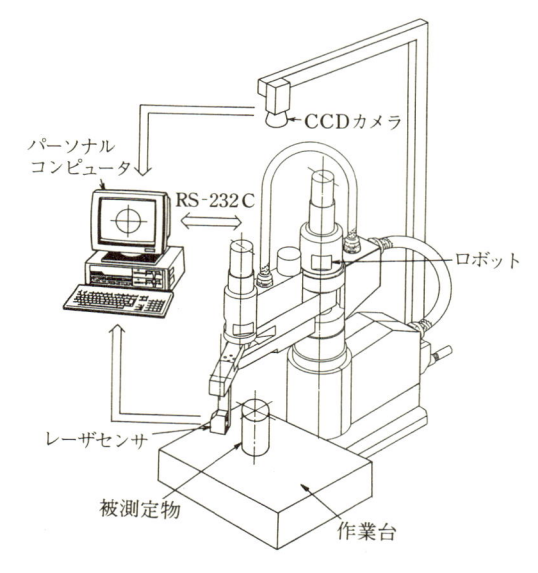

図7.16 三次元非接触計測システム

7.6.2 測定法と画像データの処理

ロボットの動作範囲内に置かれた物体を計測する場合，最初にCCDカメラで動作範囲全体の画像を取り込み，コンピュータ画像処理によって物体の位置と形状について大まかな見当をつける．物体が認識された後，ロボットを動かしてその手首先端に取り付けたレーザセンサを物体に接近させる．センサと物体の相対位置は測定に最も都合のよい位置にきたところでロボットは物体の測定を始める．

7.6.3 レーザセンサによる物体の計測

取り込んだ画像情報は標準白黒ビデオ信号としてインタフェースボードに入力され，1ピクセル当たり16階調の明るさのデータに変換され，パソコンのメモリに取り込む．次に，メモリ上のデータはCRT上の座標に変換される．メモリ上では1ピクセル当たり4ビットの情報をもっているが，これを二値化することで1ピクセルに1ビットの情報となり，二値化画像が得られる．

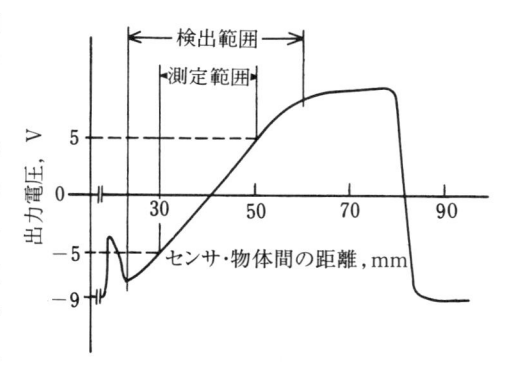

図7.17 レーザセンサの出力と距離との関係

この画像から輪郭を形成する点の集合を求め，開発した単純輪郭法または多角形近似法[181]によって輪郭の抽出と認識を行った．レーザセンサによる測定原理は光学的三角測距方式を用いており，センサと被測定物体までの距離をアナログ電圧値に変換して出力する．図7.17に使用したセンサの出力特性を示す．

7.6.4 物体の非接触測定結果

図7.18 (a) に湯飲み茶碗，(b) にライター用ガスボンベの真円度測定結果を示す．以上によって，産業用ロボットとCCDカメラ，レーザセンサを用いて物体の非接触三次元計測ができることを示した．

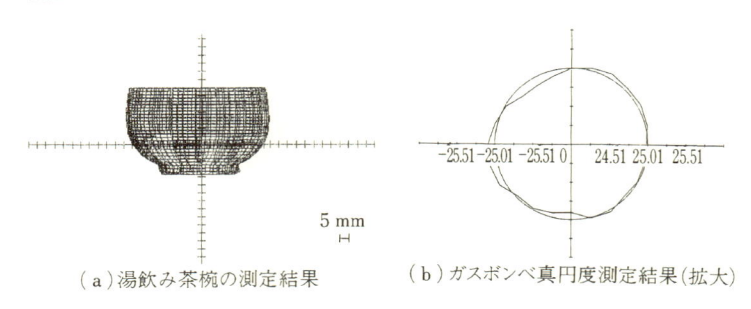

152　第7章　物まねロボットと画像認識

(a) 湯飲み茶椀の測定結果　　(b) ガスボンベ真円度測定結果(拡大)

図 7.18　物体の非接触測定結果

7.7 まとめ

　ロボットの視覚による動作と環境の認識について説明した．物まねによるロボットへの動作教示は，第三のロボット教示法ともいうべきものであるが，サービス用知能移動ロボットにおけるロボットと人間のジェスチャーによるコミニュケーション手段の一つに有効に利用された．

　ハエの食物探査行動をまねた生物的画像抽出法は，安価なパソコンを用いて実時間画像抽出ができるので，今後の発展が期待される．産業用ロボットとレーザアナログセンサによる非接触測定に関する上記の研究を終了した頃，"三次元測定機「非接触式」実用化を競う"という新聞記事が出て，各社が非接触式の三次元測定機の開発を競っており，複雑な曲面を高速で精密測定することができるが，制御技術が問題であると書かれていた[182]．

第8章 無人生産支援用知能ロボットシステム

8.1 知能ロボットの研究成果を無人生産システムへ

　初めに，国の産業基盤としての先端的物づくりを支えるメカトロニクス技術の重要性を指摘し，次にわが国の加工組立て産業を支えた自動組立て技術の発展を展望する．次世代生産形態として，最近の知能ロボットの研究成果を取り入れた無人化生産システムを提案し，それを実現するためのコンセプト，研究開発目標および事例を述べる．

8.2 メカトロニクス技術（MT）の重要性

　1990年代を通じて，わが国の生産自動化の意欲は低迷し，自動化設備やロボットの生産は大きく落ち込んでいる．かつて，貿易立国日本の躍進を担った生産自動化技術者は，引退したり配置転換されて元気がなく，企業も積極的に生産技術開発をやろうという意欲が感じられなくなった．10年ほど前までは，製品開発段階から製品設計者と生産技術者の緊密な連携によりコンカレントエンジニアリングの威力を発揮していたが，それも様変わりしている．

　現在，世界最強の産業技術は，米国では情報技術（IT）であるが，日本のそれはメカトロニクス技術（MT）である．米国は宇宙航空技術とバイオテクノロジーでも群を抜いているが，GDPに対する割合はそれほど大きくなく，時代変化に対するインパクトも今のところITに勝るものではない．

　10数年前，米国では日本の産業技術の強さの秘密に関する調査研究が行われ，二つのことが明らかにされた．一つは，マサチューセッツ工科大学（MIT）が中心となった国際自動車産業研究チームによるわが国の自動車産業の分析報告書にあり，「21世紀に世界の自動車メーカーが生き残れるかどうかは日本の自動車産業が編み出した生産形態"リーンシステム（lean system）"を確立できるかどうかにかかっている」という[183]．

　米国は，日本の自動車およびロボットメーカー数社と合弁工場を作ってリーン（スリムな，ムダのない）システム技術の吸収に乗り出し，すでに自動車産業

などの再生を果している．もう一つは，地味で，わが国ではあまり関心がもたれなかったが，米国では全米科学財団（NSF）が先導して有力大学にメカトロニクス関連のカリキュラムを新設するとともに，メカトロニクス研究所や製品開発・生産技術研究所を創設する動きである．

この影響は，単に自動車産業だけにとどまらず，過去30年以上，日本の輸出産品の大部分を占めて世界市場を席巻してきたメカトロ産品に強力なライバルが現れることを意味する．米国の素早い動きに日本の研究者は危惧を抱き，日本学術会議自動制御研究連絡委員会では，1997年に"メカトロニクス教育と研究への提言"をまとめた．

しかし時すでに遅く，政府は1995年に制定された「科学技術基本法」に基づいて，1996年度から2000年度までの5年間に17兆円の科学技術関連予算の支出を決定した．重点的に考慮されたものは，またもや理学と医学系の大型プロジェクトを中心とするもので，現実に日本経済を支えてきたメカトロニクスや物づくりの基盤育成，戦略的研究開発の推進は抜けている．

1999年のわが国の貿易統計によれば，金額では輸入の31.8兆円に対して，輸出は1.4倍の45.8兆円に達し，物量ベースでは輸出1.26億トンに対して輸入は7.57億トンで6倍である．トン当たりの単価は輸出が36.4万円，輸入が4.2万円となり，輸出単価は輸入単価の実に8.7倍である．重量ベースでは輸入量の1/6に過ぎない輸出で巨額な黒字を出す秘密は，輸出品が高い付加価値をもっているからにほかならない[184]．

わが国が国際貿易において黒字を維持していることは，高付加価値のメカトロ産品の開発と製造に世界的に卓越した人的資源をもっていることを示しており，これを正当に評価しなければならない．しかし最近，日本の技術進歩にかげりが見られ，輸出単価の輸入単価に対する倍率は，1980年代後半の12倍から1990年代後半には8倍台に落ちてきている．IT分野が国民生産における付加価値に占める割合はやっと10％を越えたところである．

メカトロ産品の輸出がコケれば，日本という国そのものに対する信任が揺らぐことを覚悟しなければならない．メカトロニクス技術は，メカトロ産品以外のほとんどすべての産業の製造，評価，経営，情報システム化のためになくてはならない技術となっており，今やハードとソフトが一体化したものとなり，

8.3 日本における自動組立て技術の発展と課題

　自動組立専門委員会（現 生産自動化専門委員会）は，自動組立て技術の調査，研究開発と普及を目的として，関心のある企業と個人に呼びかけて，1968年に（社）精密工学会の中に設置された．委員会は，毎月の研究例会，年2回の研究発表会，内外の工場見学会の開催などを通じて，わが国の自動組立て技術の立ち上げと発展に計り知れない貢献を行った．

　日本における組立て作業の機械化・合理化は1930年代に始まる[185]．この頃，組立て作業に流れ作業方式を取り入れてコンベアを利用したり，航空機組立てなどでタクト生産を行った．

　1950年代には米国からオートメーションの概念が入ってきて，鉄鋼，化学，石油精製などで製造プロセスの自動化が始まった．機械加工，組立ての自動化は遅れており，1950年代後半の家電製品・自動車などの消費財ブームの到来によって初めて加工・組立て自動化の必要性が認識されるようになった．大量生産に対応するために人海戦術がとられたが，次第に高校進学率の向上による若年労働者の採用難，賃金の高騰，品質と生産性向上のためには組立て作業の自動化が避けては通れなくなり，自動組立てへの取組みが始まった．

　1960年代は，欧米先進国の自動組立て技術の学習，模倣と導入の時代であり，盛んに固定サイクルの専用自動組立て機が作られた．1962年には世界初の産業用ロボットが米国Unimation社とAMF社から同時に発表され，数年後，日本でも第一次産業用ロボットブームが起き，産業用ロボットの開発と生産工程への導入が始まった．

　1970年代は，日本独自の生産技術が急速に進歩した時代で，欧米の先進国に追いつき追い越した時代と位置づけることができる．国民所得の増加により消費者ニーズが変化し，大量生産から多品種少量生産が始まり，それに対応して生産設備も専用機からプログラマブルな機器・設備が開発され，自動車産業か

ら産業用ロボットの導入が始まった[186]. そして, カンバン方式, ジャストインタイム方式などの優れた生産方式が編み出され, 多品種少量製品を必要なときに必要なだけ生産できるようになった.

1980年代は, 産業用ロボットブームが大ブレークした時代で, 1980年は産業用ロボット普及元年, 1985年は発展元年と呼ばれる[15]. ロボットは, FMS (Flexible Manufacturing System), FA (Factory Automation) の有力な手段として導入され, 生産性の高いさまざまな設備が生み出された. それにより生産されるハイテク工業製品の輸出が, わが国を世界第二位のGDP大国に押し上げた.

カンバン方式と同じく, 日本で開発された組立性評価法 (AEM)[187,188] と製造性評価法 (PEM)[189] は生産技術における優れたビジネスモデルである. これらは, 商業ベースで米国企業に技術移転が行われるとともに, 欧米の研究者による少なからぬ追従研究[190]~[192]を生んだ. この間の日本のFMSと自動組立て技術について, 山藤[193,194], 山崎[195], 宮崎[196], 川名[197], 木村[198], 竹永[199], Yamafuji, Makino[200] および Makino, Yamafuji[201] の報告があり, 世界の現状については牧野[202] が報告している.

著者は, 一貫生産自動化への挑戦の必要性について論じたことがある[185]. 従来の自動組立てのFMSでは, サブ組立てを行った部品の最終組立ラインの自動化という色彩が強かった. 1990年代は, インターネットの普及がトータルFAというコンセプトを普遍化し, マーケティングから製品開発, 生産, 販売, クレーム対応, 廃棄, 再利用までの情報と活動を一体化し, 必要なときに必要な情報を取り込んで加工利用することが部分的にはできるようになった.

将来とも, 人間の知的創造活動が必要な製品開発と生産設備開発などではITだけではどうにもならない部分があることを認めなければならない. 無人生産にこだわった理由は, どんなに自動化率が高いといっても, 自動化率100%を達成しているケースは通常の組立て工程では皆無であったが, 将来も生産現場に人間が待機することを前提にして設備開発をやっていいのかと疑問をもったためである.

確かに, シガレット, 蛍光灯管, 点火プラグ, 自動車用ランプ, 小型電子部品, ボールペンやフェルトペンなどの少品種多量生産では, ほぼ無人状態で驚

異的なスピードをもつ専用自動機によって無停止連続生産が行われている．しかし，現行の生産設備の中で比較多数である多品種少中量生産の FMS では，直接作業はすべて自動化できたとしても，生産中に各種のトラブルが生じたときに対応して復帰させるのは，近くで待機している人間の支援要員である．ある自動車会社では，支援要員を極限まで減らしてもゼロにはできない場合，配置しなければならない作業員のことを **人間の島** と呼んで頭を痛めているという．

8.4 ホンダヒューマノイドと無人生産支援用ロボット

1997 年に発表されたホンダのヒューマノイド「P2」は衝撃的なニュースとなって駆け抜けた．ある若手ロボット研究者は「P2」のビデオ映像を見て，"人間型ロボットは紛れもなく完全自立型の二足動歩行をしていた．絨毯の敷かれたオフィスの中で軽いサーボ音を響かせつつ自在に向きを変えながら歩き，かつスムーズに立ち止まるロボットの姿に身の毛もよだつような興奮を感じた（これで興奮しなかったらロボットの研究者とはいえない）"と述べた[203]．

「P2」は，一企業が 10 数年かけて二本足ロボットの動歩行という困難な技術的課題をクリアしたものであり，いくら称賛してもし過ぎることはない．大学などの援助を受けることなく，製品化も考えず，莫大な研究費を費やして，動歩行という夢を実現したことは大きく評価でき，スカラロボットに次いでロボットの年表に掲載されると思う．世界中の研究機関が 25 年以上かかっても自立型の二本足動歩行ロボットを開発できなかったことを考えただけでも，これがどんなに素晴らしいものであるかがわかる．

ホンダヒューマノイドの成功と知能化技術の進歩は，従来は夢と考えられていた無人生産の実現に明るい希望を与える．著者の一人は，1974 年から自動組立てと関連技術を研究の柱の一つとしてきた．1992 年度から 1996 年度までの 5 年間，サービス用知能移動ロボットについて国内 7 社と共同研究を実施して開発した成果[204],[205]を応用して，新しい生産自動化システムが開発できないかと考えてきた．

ヒューマノイドのニュースを聞き，生産設備に張り付けている支援要員を二腕付き知能移動ロボットによって置き換えることができれば，無人化生産が実

現できるのではないかと考えた．時計部品のスイス型自動旋盤による24時間無人加工や複写機の夜間無人組立てについては実際に工場を見学して知識をもっていたので，無人生産支援用ロボットシステムの研究を，「P2」発表の2カ月後に博士後期課程に入学した学生のテーマとして始めた．

8.5 自動組立ての問題点とチョコ停ゼロへの挑戦

現在，人間が直接作業を行う必要がない高度自動化生産設備でも，トラブルが起こった場合には，周辺に待機している作業者が対応することを前提としている．トラブルが起こらない場合には，作業者は生産を監視するか，要所を時々チェックするか，不良品を手直しする場合もある．われわれは，この支援要員を知能ロボットで置き換えることによって無人生産に一歩近づくことができると考える．しかし，その前に現状における自動組立ての問題点を部品供給に絞って考察しておきたい．

自動組立てに関係する各種作業の分析結果の例[201]によれば，部品供給が最大の割合23％を占めており，次に組立て工程が22％となっている．**部品の自動供給がうまくいけば自動化は成功するというが，自動組立てがうまくいかない最大の原因はパーツフィーダでワークを供給する際のトラブルであるといわれる．**

対策は，①パーツフィーダを使わない部品供給法の採用，②フィーダにCCDカメラなどの画像認識センサと排除機構を付けて知能化する，③部品設計改善によりフィーダ内トラブルを排除する，④複数のフィーダを同時に配置する，⑤部品加工と同時に組み立てる，すなわち，加工・組立ての一体化を図るなどがある[206]．

現状では，パーツフィーダの使用を少なくすることはできても，どんな生産現場でもなくすことはできない．通常の工場では，パーツフィーダのトラブル発生率は供給部品1000個当たり1個から0.08個程度まで抑えられてきているが，それでも部品の詰まりや引っかかりが原因となって，チョコっと止まる事例（チョコ停，minor stoppage）があとを絶たない．

1997，1998の両年に学生と7社7工場を訪れ，トラブル発生・復帰およびチョコ停の種類と頻度などについて教えていただいた．生産ラインの稼働率，ライン停止時間，平均故障時間（MTBF : Mean Time Between Failure）などに関

8.5 自動組立ての問題点とチョコ停ゼロへの挑戦

表 8.1 自動組立て設備の稼働率，MTBF およびチョコ停の事例

	A 社（ライン）	B 社（ライン）
1 ステーション（st）の稼働率	約 99.7 %	—
設備全体（20〜50 st）の稼働率	約 90 %	約 85 %
1 シフトのライン停止時間（段取替えを含む）	48 分	60 分
1 回の停止で復旧に要する時間	約 5 分	4〜12 分
MTBF（チョコ停を含む）	48 分	20〜30 分
チョコ停が故障全体に占める割合	約 50〜70 %	95 % 以上
チョコ停を除いた MTBF	—	55〜110 時間

する 2 社のデータを表 8.1 に示す[207]．

A 社の場合，1 セルまたは 1 ステーションの稼働率は約 99.7 % で生産ライン全体の稼働率は約 90 % であるから，1 シフト（8 時間）でチョコ停などによるライン停止時間は，$8 \times 90 = 0.8$ 時間 $= 48$ 分となる．1 回のライン停止で作業員がトラブルを見つけて復旧するまでに要する時間は約 5 分であるので，1 シフトでラインが停止する回数は平均 10 回，MTBF は $8 \times 60 \div 10 = 48$ 分となる．この工場では，故障全体に対するチョコ停の割合は約 50〜70 % である．B 社では，MTBF は約 8 分で 1 シフトでの故障（チョコ停を含む）による設備停止時間は 20 分以下で，チョコ停が故障全体に占める割合は 95 % 以上という．

両社ともチョコ停の割合は相当大きく，特に B 社の場合ほとんどのトラブルはチョコ停と考えてもいいほどである．同社ではいくつかの機械に"チョコ停ゼロ達成"というプレートが付けられており，チョコ停の排除に

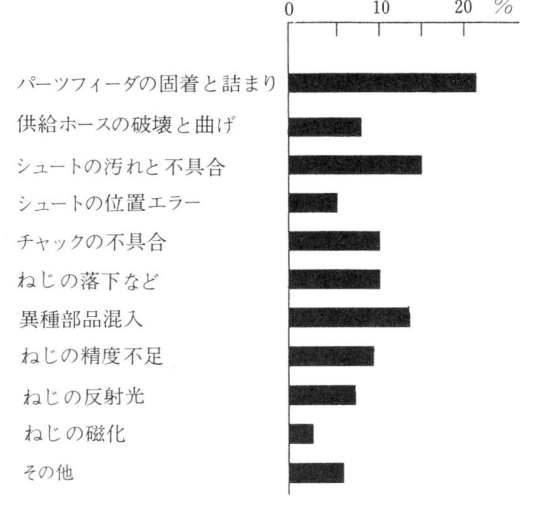

図 8.1 ねじ供給システムにおけるトラブルの種類と割合

腐心してきたかがわかる．B社ではチョコ停の主要な原因はパーツフィーダであるといい，今でもなくすことはできないのでフィーダの前には箱に入ったピンセットを置いている．

図8.1は，東京都工業技術センターが調査したねじを供給する際のトラブルの種類と割合を示す[208]．ねじの詰まりが最大割合を占め，シュートの汚れと引っかかり，異種部品の混入，ねじの精度などが続く．これらのチョコ停は，作業員ならばピンセットかドライバを使って簡単に復帰させることができる種類のトラブルである．そこで，部品供給におけるトラブル，特にチョコ停解消が可能なシステムを開発することができれば，B社の場合には無人生産の実現に近づくことができ，A社でもトラブルの半数以上をなくすことができると期待される．

8.6 知能ロボットによる無人生産システムの提案

8.6.1 無人生産システムの提案とコンセプト

現状では，高度に自動化された生産設備でも生産や設備にトラブルが起こった場合には，待機している作業者が対応する．考えられるトラブルを極限まで抑えていっても，最後に残るのはチョコ停やロボット・機器の故障である．現在，支援要員が担当しているチョコ停解消とロボット・機器のトラブルからの復旧を腕と移動機構を備えた知能ロボットで置き換えることができれば，無人生産が実現できるに違いない．

ここで，従来生産ラインやセルで稼働している人間の直接作業を代替する産業用ロボットをオンラインロボット（on-line robot）といい，間接作業を担当する知能ロボット

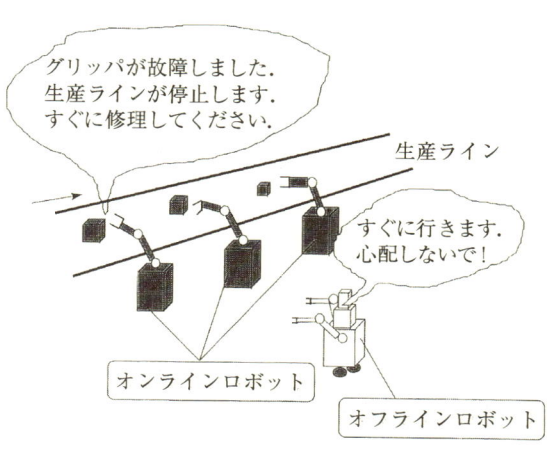

図8.2 無人化生産の基本コンセプト

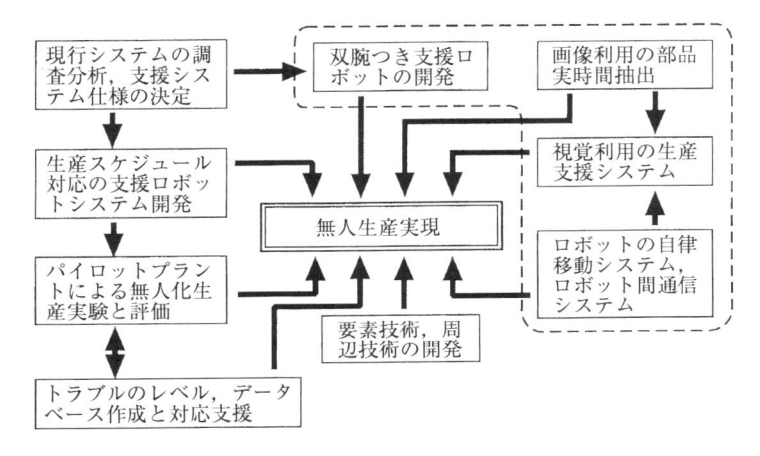

図 8.3　無人生産支援用ロボットの研究開発の概要

をオフラインロボット（off-line robot）と呼ぶ．これら 2 種類のロボットによる無人生産の基本コンセプトを図 8.2 に示す．

つまり，無人生産の実現に至るわれわれの解は，従来支援作業員が行ってきたもろもろのトラブル解消から生産の監視・管理から将来的には不良品の手直しまでをオフラインロボットで代替するものである[209]．

すなわち，従来の産業用ロボット（オンラインロボット）が人間の手足の代わりとなるものであるのに対して，オフラインロボットは人間の手足のほか頭脳と感覚をも代替する．図 8.3 は，無人生産支援用ロボットシステムの研究開発の概要を示し，破線部分は，かつて産学共同研究によって開発したサービス用知能移動ロボット[204],[205]の成果を利用する．

8.6.2　知能ロボットによる無人生産支援
（1）無人生産支援用ロボットの意義

無人生産を実現することの意義は少なくない．1997 年に本研究を始めた直後に訪れた某社では夜間 1 シフトだけ無人で製品の最終組立てをしていた．腕時計などの部品を自動盤を使って無人で加工することはすでに 30 年以上前から行われているが，深夜だけとはいえ，最終組立てを無人でやっていることに非常に興味をひかれた．

工場長によれば，"夜，最後に工場をでる人間がドアを閉めてから何もトラブ

ルが起きなければ，朝，人間がきたときに全部できており，反対にほとんどできていないときもある"ということであった．10年近くその方式でやってきてほとんど支障もないと聞いて驚くほかなかった．無人生産時のバックアップ態勢とトラブル復帰については昼間に比べて特別な配慮が行われているとは思われなかったが，これで無人生産の実現に大きな自信をもつことになった．無人生産は不可能と決めてしまっては何もできないが，実現可能な対象と考えることによって，どのような手段を取ればよいかが見えてくる．

ヒューマノイドの開発によって二本足動歩行可能なロボットが現実のものとなったことを知った．これと，最近急速に進歩している知能化技術を組み合わせれば，生産設備の傍で待機している作業者が行う直接生産以外の生産支援作業をロボットで代行することは可能である．現時点では，無人生産支援用知能ロボットが作業員に完全に取って代わることは難しくても，人数を減らすことはできる．当面は，作業員と支援用ロボットが共存することになるが，今こそ将来の無人生産を視野に入れた基礎研究を始める必要がある．

（2）オンラインロボットとオフラインロボット

再びオンラインロボットとオフラインロボットの役割の違いを明らかにする．オンラインロボットとは，生産に関わる直接作業を担当するロボットで，これまで人間の手作業または人が操作する機械で行われてきた仕事をロボットに置き換えたものであり，従来の産業用ロボットがそれである．

オフラインロボットは，これまで人間が対応していた生産支援や機器・設備の不具合の解消を作業員に代わって行うためのものであり，故障の検出，診断，適切な処置の選択，故障の解消・復帰に必要な処置をするもので，これは知能ロボットそのものである．

（3）オフラインロボットで想定したトラブル

われわれはオフラインロボットを提案したが，現在の知能ロボットの技術では，オフラインロボットですべてのトラブルに対応することは不可能である．生産工程，特に部品の自動供給の際に起きるちょっとした停止（チョコ停）やトラブルは非熟練工でも対応できるので，まずオフラインロボットでチョコ停を解消することを考える．

表8.1に示した調査結果から，チョコ停が故障全体に占める割合は約50～

70％と95％以上であることがわかった．これらの工場では，チョコ停をロボットで対応できれば，チョコ停を除いたMTBFは相当増加することが期待される．本研究では，チョコ停の原因をどのようにして発見・診断・解消するかということを最重要課題として研究を進めた．チョコ停の中でも最も頻度の高いパーツフィーダにおけるチョコ停を具体的対象とした．

オフラインロボットは，将来的にはチョコ停だけではなく生産現場で待機する作業員がやっているすべての作業を代行することを目的としているが，現行の生産工程でトラブルの頻度が高いチョコ停をゼロにすることから始める．

8.7 部品供給システムにおける故障と復帰

部品供給システムで発生する故障とその解消について考える．トラブル解消には，故障の検出，診断および復帰の3段階がある．オフラインロボットに期待される最重要課題はパーツフィーダにおける故障の発見と解消であるが，これをロボットで行う例は見当たらない．

オンラインロボットがパーツフィーダのエスケープ部から部品をつかみ損なって部品の姿勢が崩れてグリッパではつかめなくなったとき，従来はロボットは停止してそのステーションの作業は中断していた．このような単純なトラブルであっても，作業員が復帰させない限り，後工程への部品供給が長時間止まれば全生産工程の停止という事態になる．

人間ならば簡単に直せるこの種の事故をオフラインロボットが自律的に検出・診断し復帰できるかどうかが課題となるが，このような故障の復帰までできることを前提として研究を行った．しかし，オフラインロボットの知識や能力を超える故障については次期の課題とした．

図8.1に見たように，振動ボウルフィーダで頻繁に見られる部品供給の故障の原因は，①フィーダそのもの，②供給時の部品の品質，および③汚れた部品や異種部品の混入によるものが大部分を占めている．フィーダに基づくものには，部品の詰まり，整列ミス，磁気や油による固着などがある．

部品の詰まりなどが起こった場合，供給が行われないためそのステーションの停止につながる．視覚センサとマイコンによる判別装置を用いた部品供給機では，部品の詰まりや固着ばかりでなく，部品寸法や形状異常，異種部品の混

入にも対応できる[210]．われわれは，オフラインロボットには両眼立体視が可能なように頭部に2台のCCDカメラを搭載し，振動ボウルフィーダなどの部品供給機における故障に対応できるようにした．

8.8 オフラインロボットと周辺機器の開発

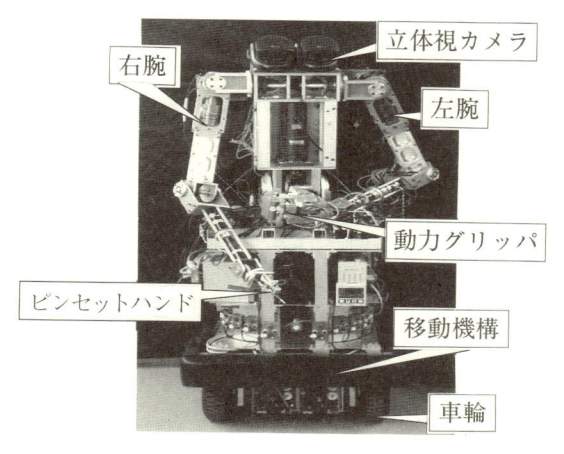

8.8.1 オフラインロボットの概要

オフラインロボットのコンセプトは次のとおりである[211]．

（1）無人化生産を実現するために，作業者に代わって生産現場で故障の復旧と生産の支援を行う．

（2）部品供給システムに関するチョコ停と致命的故障を回復する．

（3）人間の指令を理解し，タスクレベルの計画を実施する．

（4）センサフュージョンシステムにより自律的に故障診断を行い，サイクルタイムの数倍以内の時間で迅速に復帰させる．

（5）環境と生産状態を実時間で認識できる視覚システムをもつ．

上記のコンセプトを実現するためにオフラインロボットに要求される仕様は，次のとおりである[212]．

（1）ヒューマノイド型二腕ロボット

（2）両腕と自律的に協調制御できる移動機構

（3）作業員と同様に器用で巧妙な操作ができるエンドエフェクタ

（4）両眼立体視，超音波・レーザ・赤外線・接触および力の各センサを含むマルチセンシングを用いた対象物と故障の認識・診断

（5）視覚センサによる環境の特徴の抽出と測定に基づく自己位置決め

（6）オンラインロボット

図8.4　オフラインロボットの概要

とさまざまな機器類を支援するための適応性と自己学習能力

(7) ローカルエリアネットワークと無線通信

図8.4に，開発したオフラインロボットの概要を示す．2種類のエンドエフェクタを開発した．一つはパワーグリッパで左腕の先端に取り付け，もう一つはピンセット型ハンドでこれを右腕に付けた．詳細は文献212),213)に譲る．

オフラインロボットは，ローカルエリアネットワークを利用して他のロボット，機器および生産管理システムと相互に無線通信を行うことができる．これには，生産管理，知的設計，生産工程のスケジューリング，故障診断と復帰，知識ベースを含む生産のトラブルと復帰に関する情報管理，各タスクの実行の監視とシステムのモニタなどの機能がある．各機械やオンラインロボットは，各自のパソコンで制御されるとともにネットワークを通じて情報を受け取り，フレキシブルに動きを変えることができる．

8.8.2 トラブルシミュレータとパイロットプラント

ランダム信号による確率的故障発生，オフラインロボットによる故障個所の発見・診断と復帰をシミュレートするためトラブルシミュレータを開発した．これは，1ブロックが赤と緑のLED（発光ダイオード：Light Emitting Diode）各1個およびリセットボタンからなる8×8＝64ブロックをパレット上に形成したものである[213]．

各ブロックは，それぞれ一つの故障個所に対応する．正常状態では緑のLEDが点灯しており，故障したブロックでは赤が点灯する．初めに正常であったブロックが外部のランダム信号により任意のブロックにトラブルが起こると緑が消えて赤が点灯するので，シミュレータには故障が発生したことになる．

故障が発生の情報は，各セルのコントローラまたはシミュレータの信号としてオフラインロボットに送られる．情報を受け取ったオフラインロボットは，トラブルシミュレータに近づいて故障が発生したブロックを見つけて故障を診断し，そこの押しボタンスイッチを押すことによって故障の解消を図る．

オフラインロボットのコンセプトとトラブル対応能力を確認するとともに，無人生産支援を実現するために開発したパイロットプラントを図8.5に示す．これは，小規模ながら一種の仮想工場（virtual factory）であり，実際の生産工程を無人化した場合の生産とトラブルを模擬することができる．

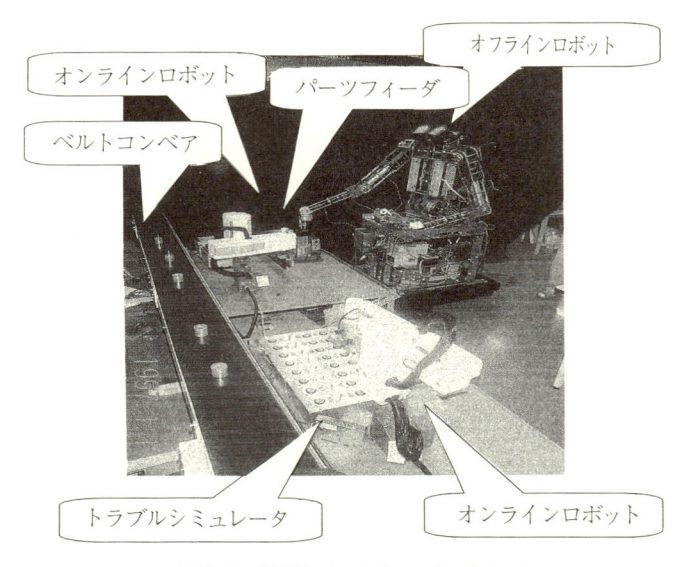

第8章　無人生産支援用知能ロボットシステム

図8.5　開発したパイロットプラント

パイロットプラントは，主としてオフラインロボット1台，オンラインロボット2台，振動フィーダ1台，トラブルシミュレータ1台およびベルトコンベアからなる．オンラインロボットは4自由度の腕をもつ．使用した小型ボウルフィーダは，ねじやワッシャなどの小物部品の整送に適している．

8.9　オフラインロボットの最適負荷

オフラインロボット1台がサポートするオンラインロボットの台数を前者の負荷と呼ぶ．組立て工程における最適負荷を確率過程から解析的に求める．さらに最適台数に及ぼす要因を実際の例について検討した．最適サービス頻度を決めるため，二つの方法を調べて結果を比較する．

図8.6に，組立てラインで稼働中のオンラインロボットを支援するオフラインロボットを示す．組立てラインは多くの組立てセルからなり，各セルは主として1台のオンラインロボットと部品供給システムからなるものとする．1台のオフラインロボットは複数のセルをバックアップする．また，無人誘導車（AGV：Automated Guided Vehicle）は工場内を自律的に移動して各セルに部品やオイル，工具などの補給を行うとともに不要物などを運び去る．

8.9 オフラインロボットの最適負荷　167

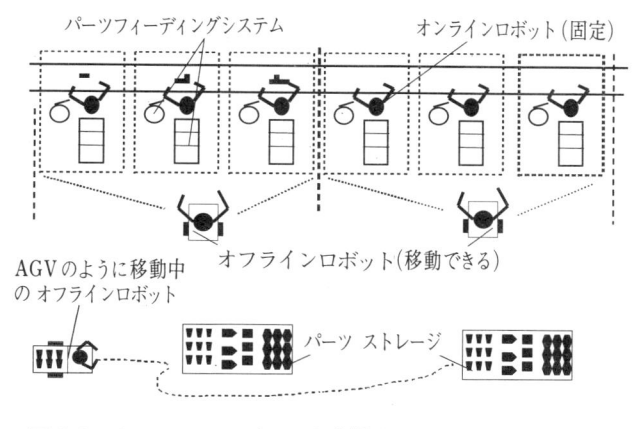

図8.6　オンラインロボットを支援するオフラインロボット

オフラインロボットがオンラインロボットをバックアップする際に1台で何台のオンラインロボットをサービスできるか，最適台数を決めるため確率問題として取り扱った．

$M(t)$ を時刻 t における稼働中または待機中のセルの数とする．複数のセルがあった場合，セルはそれぞれ独立で1台のオフラインロボットでサービスされるものとし，各セルの故障時間は指数関数的に分布し同じ平均値 $1/\lambda$（MTBF）をもつと仮定する．修理時間もまた指数関数的に分布し，同じ平均値 $1/\mu$〔一般には，平均修理時間 MTTR（Mean Time To Repair）と呼ぶ〕をもつ．そのとき，$\{M(t), t \geq 0\}$ は $\{0, 1, \cdots, n\}$ 状態空間における連続時間 Markov 過程である．シミュレーションの詳細[214),215)] は割愛し，次に結果だけを示す．

図 8.7 にシミュレーション結果の例を示す[214)]．

- ケース1〔図 8.7 (a)〕では，$\nu = 50$, $L = 1.0$ および $\rho = 0.4$ である．このケースでは，セル数が $n = 7$ のとき利益は最大値（約126）に達する．この場合は，与えられた条件において1台のオフラインロボットがオンラインロボット7台にサービスすることが最適解である．
- ケース2〔図 8.7 (b)〕は，最適セル数と利益に及ぼす ρ（メンテナンス係数）の効果を示している．ρ が 0.4 から 1.0 に増加するとき，最適セル数は 7 か

(a) ケース1 ($\nu = 50$, $L = 1.0$, $J = 5.0$, $\rho = 0.4$)

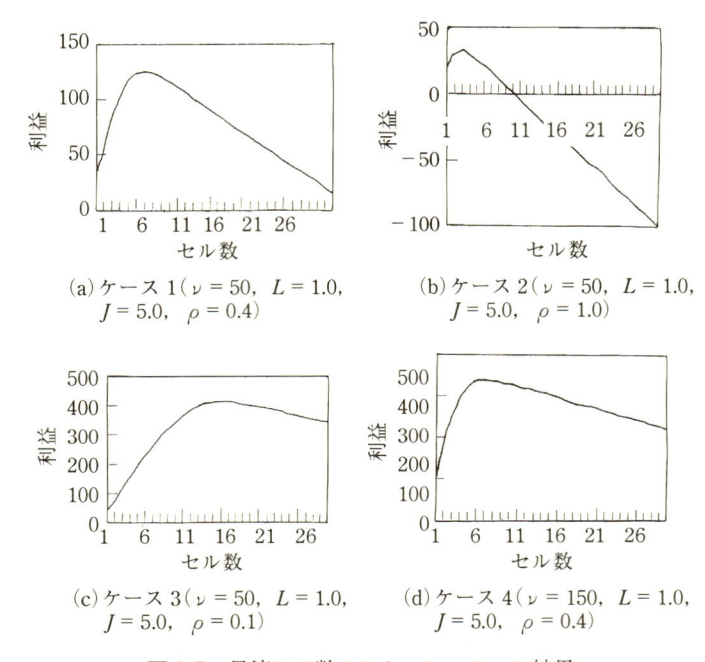

(b) ケース2 ($\nu = 50$, $L = 1.0$, $J = 5.0$, $\rho = 1.0$)

(c) ケース3 ($\nu = 50$, $L = 1.0$, $J = 5.0$, $\rho = 0.1$)

(d) ケース4 ($\nu = 150$, $L = 1.0$, $J = 5.0$, $\rho = 0.4$)

図 8.7 最適セル数のシミュレーション結果

ら3に減少し，利益も126から31に激減する．

- **ケース3**〔図 8.7 (c)〕から ρ が 0.4 から 0.1 に減るとき，最適セル数は7から16に増えて，利益も408に増加する．
- **ケース4**〔図 8.7 (d)〕は， ν の効果（単位時間当たりの生産率）を示しており， ν が 50 から 150 に増加するとき，最適セル数はほとんど変らないが，利益は126から336に増加する．

以上を要約すれば，セル数を決定する場合の最も重要な因子は ρ（メンテナンス係数）である． ρ が大きくなるにつれて最適セル数は減少する．もう一つの重要な因子は， J すなわち単位時間当たりのコストである．

しかし，単位時間当たりの生産率 ν の変化と利益 L は最適セル数にはほとんど影響をもたない．最適セル数を n として，セルが任意の頻度でトラブルを起こしたとき，オフラインロボットはどのような規則に従ってセルをサービスすればよいかという問題がある．これを待ち行列と巡回セールスマン問題とし

て取り扱い，サービス順を変えた場合の評価を行った[214),215)]．

8.10 トラブル診断復帰とパイロットプラントにおける実験

　一般の生産工程で発生するトラブルや故障にはさまざまなものがあるが，直接作業がすべて自動化されていて作業員はトラブルに対応するだけというところでは，トラブルの大部分はチョコ停という場合が多い．トラブルの原因の中にはまだ十分に解明されないものもあり，現場的な対応しか方法がない場合も多い．

　われわれによるトラブル診断と解消法を紹介する．オフラインロボットは，次のようにしてチョコ停の原因を診断する．
（1）生産または動作を停止したオンラインロボットまたは機器から送られるステータス情報によってトラブルの発生を認識する．
（2）オフラインロボットは，故障現場まで移動して視覚センサを用いてトラブルを検出する．
（3）オフラインロボットは，システムにもっているトラブルに関するデータベースと検出情報およびステータス情報とを比較・診断する．
（4）両者が一致すれば，ロボットはトラブルの原因を認識し解消動作をとる．
（5）もし一致しなければ，さらにステップ（2）に戻る．

　トラブルの診断ができたら，次はオフラインロボットによるトラブル解消・復帰ということになる．これには，故障原因と解決法を記述したデータベースによる方法，試行錯誤法および推論による方法がある．現時点では，研究室をあげて方法論の具体化とトラブル解消実験に取り組んでいる．

　図 8.5 に示したパイロットプラントを用いて，オフラインロボットによるチョコ停の診断と復帰の実験を行った．最初に，振動ボウルパーツフィーダから円筒形ワークを整送中に出口のツーリング部にワークが詰まって部品供給が止まるチョコ停の復帰を行った．チョコ停は，設定した MTBF に基づいてランダムに起こした．

　チョコ停が発生の情報を受けたオフラインロボットは，移動機構を使ってフ

ィーダの手前まで移動し，本体上部にある2台のCCDカメラでフィーダとワークを捉えて，どこで詰まっているかを検出し診断する．そして，正常なワークの軌跡から外れていれば，ピンセットハンド（右腕）を使ってワークの姿勢を直すか，あるいはワークを排除する．この実験には100％成功した．

8.11 まとめ

　メカトロニクス技術は，勤勉で繊細，物づくりの技に長じた日本人の特性との相性もよく，今後とも国富を生み出す最も重要な産業技術であることは疑いがない．われわれは，強い意志をもって21世紀も現在の優位性を維持，発展させなければならない．産業用ロボットブームが去り，生産自動化のマインドが低迷した末に，ホンダヒューマノイド「P2」の劇的な登場を見た．さらに，1999年にはソニーの「AIBO」が加わり，これまでロボットの研究者が求めていた知能ロボットのイメージをつかむきっかけが与えられた．

　かつて夢物語と考えられていた無人生産が知能ロボット技術の急速な発展により実現の可能性が見えてきた．本章では，知能ロボットの産業応用の一つとしてオフラインロボットによる無人生産支援を提案し，無人生産支援システムの設計，パイロットプラント開発，故障診断と復帰などを述べた．

第9章　介護ロボット

9.1　高齢社会への対応

　わが国では少子化と長寿化が同時に進行しており，欧米諸国がかつて経験したことがないような速度で高齢社会に突入しつつある．65歳以上の人口が7％を超えると高齢化社会となり，14％以上で高齢社会，21％では超高齢社会と呼ばれる．日本は1970年に7％，1995年には14％を超えた．

　2000年には17％に達し，高齢者の割合は2005年までにスウェーデンを抜いて世界一となり，2010年以前に超高齢社会になると予想されている．近年の少子化の主な原因は晩婚化と非婚化によるものとみられており，これが高齢化を加速させる要因の一つとなっている．

　2000年4月から介護保険法が実施され，2002年度の公費負担の試算額は10兆円に達する．1993～1995年の調査によればわが国には要介護老人が1 416 000人いる．内訳は，在宅が862 000人，施設に554 000人で，その中の寝たきり者は811 000人である[216]．要介護者1人当たり介護者0.57人が必要として，在宅の要介護者には約491 000人の介護者が必要となる．

　旧厚生省が1995年に策定した整備目標は，1999年までに在宅介護に対応するホームヘルパーを全国で17万人に増やすことであるが，目標を達成したとしても充足率は約35％にすぎない．その結果，介護者の過重労働と在宅老人を老人が介護する老・老介護が深刻な社会的問題になると考えられている．

　1994年，著者は地震後災害救助のためロシア科学アカデミー・力学問題研究所のSergei V. Ulyanov教授およびカリフォルニア大学アーバイン校のMaria Q. Feng助教授と外骨格型（exoskeleton-type）パワーアシストシステムの国際共同研究をスタートした[217)～219)]．1995年に，パワースーツに関心をもつ企業から介護ロボットへの応用を打診され，1996年度から介護ロボットの産学共同研究を始めた[220]．

9.2 パワーアシスト装置と介護ロボット

パワーアシスト装置と介護ロボットに関する既往の主な研究成果を紹介する．人間が出す力を増幅して作業をするパワーアシスト装置開発は，1960年代に米国の GE 社が提案した人力増幅器「Hardiman」や Cornell 大学 航空研究所の「Myotron」にさかのぼる[221]．当時，米国 国防省は，人間の力の増大と兵士の戦闘能力向上のため，人間が装着するタイプのパワースーツの開発を支援していたが，重大な人身事故が起こって開発が中止されたという．GE と Cornell 大学の研究は，外骨格型パワーアシスト装置として介護ロボットなどの源流となっている．

1980 年に，旧 工業技術院 機械技術研究所で開発された「メルコング」[222)～224)]は，日本初の介護ロボットである．これは，機械には素人である看護婦などの介護者が操作できる抱き上げ介護用で，腕機構を図 9.1 に示す．

主な仕様は，① 油圧駆動のパンタグラフ式双腕マニピュレータ（各前後，左右，上下の 3 自由度），② 全方向移動機構，③ 素人でも操作できるマンマシンインタフェース，④ 省エネルギー対策を施した油圧システムである．

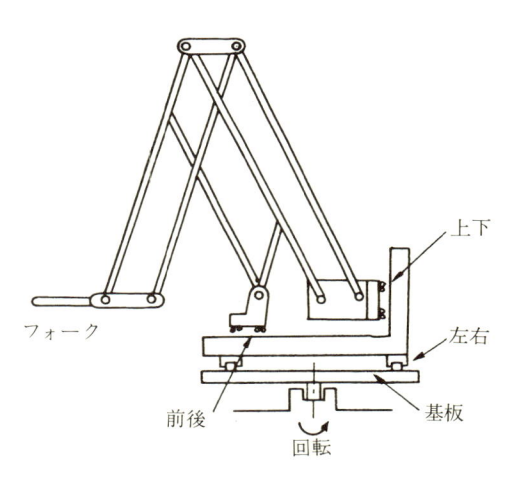

図 9.1 「メルコング」の腕機構

抱きかかえるため，左右の手先に約 30 cm の 2 本のフォークを取り付け，介護者が離れたところからジョイスティックを操作して患者をベッドの一部と一緒に抱き上げる．安全対策として，腕部の可動範囲の端点にはリミットスイッチを設置するほか，コンピュータのメモリ内に動作禁止領域マップをもっている．

1989 年，（株）ブリヂストンは老人介護補助システムを開発した[225)]．ニー

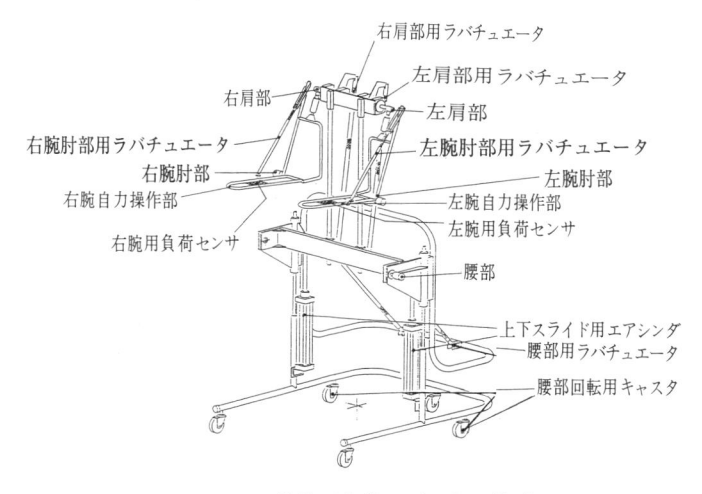

図9.2 装着用介護ロボットの構成

ズ調査に基づいて設定されたコンセプトは，**介護者が要介護者に接するときの直接的労働量を軽減するユニット（装置）を考えること**である．これは，介護者の作業の軽減化を図る補助ユニットで，① 10 kgの力で体重 50 kgの要介護者の取扱い作業が可能，② 低い姿勢でも介護者の力を補助する，③ 要介護者に触れるのは機器ではなく介護者自身とするというシステムである．

試作機を図9.2に示す．これは「メルコング」とは異なり，介護者の体に装着して要介護者を介護する．腕部（左右の肩と肘）と腰部（揺動）のアクチュエータにマッキベン型ゴム人工筋[127]を，脚部（左右）の上下移動には制御範囲200 mmの空気圧シリンダを用いている．全体で六つの空気圧サーボ制御系が構成されている．これらのサーボ系により，介護の際に介護者が出す力を増幅する，いわゆるパワーアシスト装置として機能する．ただし，左右肩部の上下揺動・回転・左右スライドおよび腰部の回転は介護者の自力操作とし，パワーアシストは行わない．

試作機を装着して，ベッドから要介護者の抱き上げと車椅子への移乗を行った．実験結果によれば，負荷を 0, 20, 40 kg と変化させてもその 20 % が操作者の負担となり，その比率は変わらない．重りによる試験では，重くても軽くても操作性にはあまり変化がないことがわかった．力検出用センサとしてエア

バッグ式は良好な結果を得たが，よりコンパクトで要介護者に違和感を与えないセンサが求められる．荷重補償追従制御にも研究課題がある．

報告書には，「使用したゴム人工筋は，本システムの機能によく適合していると考えられる」と述べられ，将来的にこのような福祉機器へのゴム人工筋の有効性を示唆しているが，数年後，メーカーは製造販売を中止した．

著者らもゴム人工筋を猫ひねりロボットなど[125),129),139)]に利用して優れた特性を確認したが，数年でゴム部が破裂してしまった．このアクチュエータには，ゴムの経年変化による劣化という致命的な欠陥があると考えられる．

Kazerooni らは，1980年代から人間が装着して重量物のハンドリング作業などをすることを目的としたパワーアシストシステムについて，人が装着したマニピュレータの動力学と制御[226),227)]，人・ロボット干渉[228)]，人の腕に密着して制御されるハプティックインタフェースの特性[229)]について研究を行っている．

岡本・大岡ら[230),231)]は，介護ロボットの一部として使用可能な患者抱き上げ装置を開発した．これは，全方向移動台車上に搭載して利用することが目的である．林原ら[232)]は，アクチュエータのトルク飽和が起きると増力装置の特性は非線形になるため，操作者が感じる力が不連続になって円滑な操作が保証されなくなる問題を解決するための制御法を提案した．

山本ら[233)]は，マッキベン型ゴム人工筋とは違ったゴムアクチュエータを用いてマスタとスレーブが一体となった介護用パワードスーツを開発した．本システムは，不意のシステム誤動作の際に介護者の腕力に頼れることが特徴であり，パワースーツの実現に寄与した．

9.3 一腕増力装置

Kazerooni らの「Human extender」は人の前腕に装着した一腕マニピュレータで，これによって人を入力端とした人間・機械系の力増幅，操作性，安定性，干渉などの問題を調べることができる．小菅ら[234)]は，人と機械系が協調して作業をするマン・マシン系について操作者と環境のモデル化を行って操作力と接触力との関係と操作力に対する同システムの操作性を同時に指定できる制御系を提案し，1自由度マニピュレータを用いてその制御系の有効性を実証した．

9.3 一腕増力装置

さらに，人間の力増幅とシステムの操作性を指定できる制御系を提案し，実験によりその有効性を示した[235]．

則次ら[236]は，一腕のリハビリテーション支援ロボットを開発した．リハビリを必要とする運動機能障害者に対する運動療法では，療法士は患者の疾患程度に合わせて微妙に負荷や速度を調節して機能回復訓練を行われるが，これの機械による代行を狙ったものである．

図9.3は，上肢の機能回復訓練を行うための2自由度のマニピュレータで，ゴム人工筋アクチュエータで駆動される．上肢の訓練では，患者はマニピュレータの先端をつかんでおり，マニピュレータの動きに合わせて上肢が動かされることになる．コンプライアンス制御によって固有剛性に比べて広い範囲で設定剛性を変化させることができる．訓練機械については，Liら[237]の研究もある．

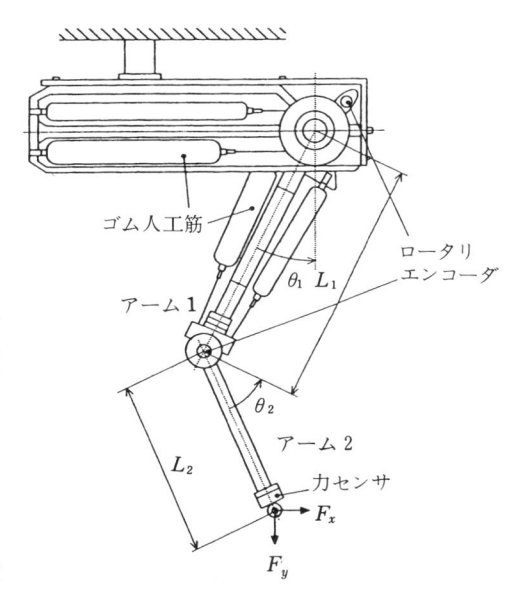

図9.3 上肢の機能回復訓練用2自由度マニピュレータ[236]

森下・田中ら[238]は，1リンクの一腕増力装置を製作してヒューマンアシスト実験を行った．図9.4は，1リンクアーム実験システムで，操作者はCRTに表示される目標角度 θ_r〔角速度 ω（rad/s）の正弦

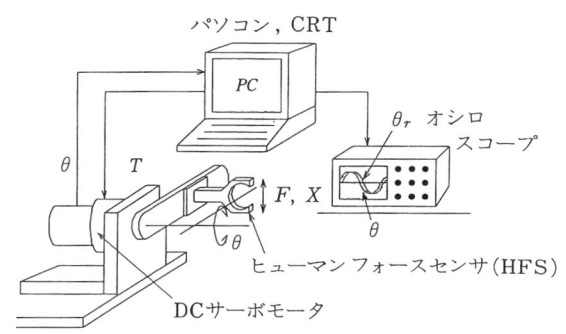

θ_r：肘角度の指令値, θ：肘角度, X：直交座標系, F：ヒューマンフォース, T：モータ出力トルクの指令値

図9.4 1リンクアームの実験装置

波で最大指令角度±20°〕に追従するようにリンクに力 F を加える．リンクにはインピーダンス制御が施されており，目標インピーダンス $Z_m(S)$ は式(9.1)で表される．

$$Z_m(S) = \frac{X(S)}{F(S)} = \frac{\alpha}{S^2 + 2\zeta\omega_n S + \omega_n^2} \tag{9.1}$$

ここに，$X(S)$ は手先系の変位，ζ は減衰係数，ω_n は固有角振動数である．α は，増力係数（アシスト比）で F を α 倍したものをロボットへの操作力と考える．

実験結果によれば，最適インピーダンス・パラメータは ω_n，すなわちロボットアームの動作速度に依存する．ω_n がわかれば，つねに操作者にとって望ましいインピーダンスを実現するようにパラメータを調整することができる．そこで，実験で得られた最適インピーダンス・パラメータ（規範モデル）と操作性評価法の併用によりインピーダンス・パラメータを適切に自己修正する適応アルゴリズム（Self-Impedance Matching : SIM）を提案する．

人間の動作速度は筋出力 V と密接な関係がある．筋出力は F に代表され，最適インピーダンス時の F と V との関係（期待速度曲線）が得られれば，逆に人間の出したい速度を F より推定し，望ましいインピーダンスを実現することができる．これより，期待推定速度 $V_{\exp}$ は操作力 F のみを用いて決定される．

図9.5に期待速度曲線の測定値を示す．実線は近似曲線である．また，提案した SIM 法の有効性を操作者の消費エネルギーの測定結果より確認した[238]．当然のことながら，アシスト比 α を大きくすると操作者の感じる負荷を軽減させることができる．

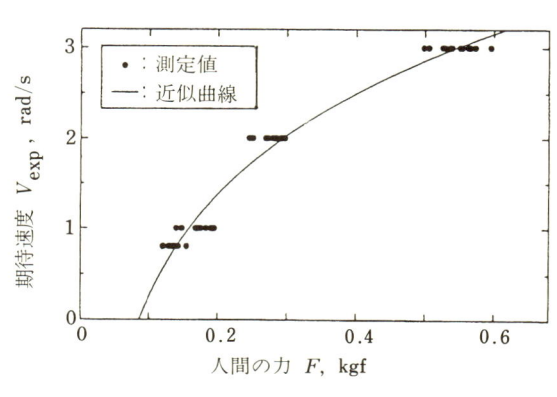

図9.5 期待曲線の測定値

9.4 人間装着型ヒューマンアシスト装置（HARO）

慢性的な腰痛，肩こり，筋肉痛などに悩まされている介護者は多く，早急に有効な対策を考えるべき時期にきている．しかし，要介護者の身のまわりの世話や看護を完全に自律型知能ロボットにまかせるだけの技術はまだ確立されておらず，要介護者の拒否や不快感を招く恐れもある．

1996年から，電気通信大学 知能機械研究室では，人間の優れた認知機能とロボットの能力を融合することにより人の意思に基づいて動作し，人の器用さや認知機能を最大限に活かし，ロボットによって介護者の出す筋力を増幅することを目的とした人間装着型ヒューマンアシスト装置（Human Assisting RObot：HARO）の研究開発を企業と始めた．

初年度は，1腕（1, 2リンクの2種類）増力装置を製作して，増力システムとインピーダンス制御の研究を行った．また，専門家を招いて介護講習を受けるとともに，近くの老人保健施設で学生が9カ月間ボランティアとして活動し，介護動作を体験するとともに介護への理解を深めた．

9.4.1 ヒューマンアシストのコンセプト

1997年度は，産学双方による介護動作と準実用化モデルの検討結果に基づいてHAROのコンセプトを確定し，システム設計に着手した．現場では，ベッドやストレッチャなどから車椅子，ベッドなどへの移乗動作，特に抱き上げ動作と抱き下ろし動作，引き寄せ動作に対する肉体的負担が極めて大きい．この動作は，1日に最低3～5回と頻度が高く，かつ要介護者の全重量を移動させて動作する必要がある力のいる動作のためである．

HAROでは，このような介護者の動作をロボットでアシストすることにより，介護者の負担軽減に大きな効果を期待できる抱き上げ，抱き下ろし，引き寄せ動作を行うこととする．これらの移乗動作における技術的課題は次の3項目にまとめることができる．

(1) 介護者，要介護者の双方にとって安全であること
(2) 簡単でスムーズに行えること
(3) 要介護者の残存する身体機能を十分活用した方法であること

これらの技術課題は，HAROにおいてアシストによる介護が実現されても，

介護者が介護する際には必要となる普遍的なものである．以上の技術課題の実現には次の七つの要素技術が必要である．
（1）介護者は両足を前後左右に広げて床面との接触面積を大きくとる．
（2）介護者は前傾姿勢を避けて下肢筋力と足で動作を行う．
（3）介護者は体を緊張させて力を集中する．
（4）介護者の身体の反動力を利用する．
（5）要介護者の身体をできるだけ小さくして動かす．
（6）要介護者の残存機能を最大限に活用する．
（7）要介護者に近づく，または近づける．

　七つの要素技術は，（1）～（4）のように介護の効率化を促す介護者の身体的メカニクスと，（5）～（7）のような要介護者の扱い方に関する移乗技術とに分けて考える必要がある．前者は，HAROを用いてアシストされることにより変化する可能性があるが，後者は変化しないため，これらが移乗動作のキーポイントであると考える[239]．

9.4.2 ハードウェア開発のコンセプト

　HARO開発のコンセプトを以下のように設定した．
（1）抱き上げ，抱き下ろし，および引き寄せによる移乗動作の補助を目的とする．
（2）HAROを用いて介護者が出す力を8～10倍に増力して，大人一人（最大80 kg）を抱き上げられるようにする．
（3）要介護者はもちろん，操作者の安全も確保する．
（4）操作者とロボットの接触部分は極力少なくして，操作者の動作の自由度を減らさない．
（5）操作者とHAROとのインタフェース構造を装着型とし，操作者が直接HAROを操作できること．
（6）操作者間の体格差をある程度吸収できること．
（7）将来的に家庭内でだれでも操作できるようにする．

9.5 HAROのシステム設計と開発

9.5.1 HARO本体の開発

コンセプトに基づいて考えられた異構造型と同構造型の基本構想を図9.6に示す[239]．異構造型とは，人間の自由度とロボットのそれとが異なった配置や数で構成されたタイプであり，同構造型はそれらが同じ構造と数の場合を指す．本研究では，装着箇所が少なく，動きやすい構造の異構造型を採用する．製作した異構造型HAROを介護者が装着した様子を図9.7に示す．

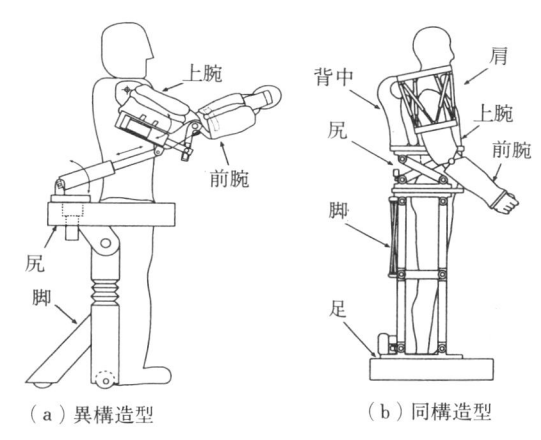

図9.6　2種類の装着型パワーアシスト装置

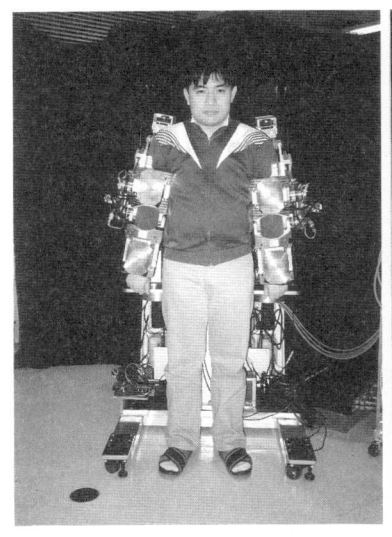

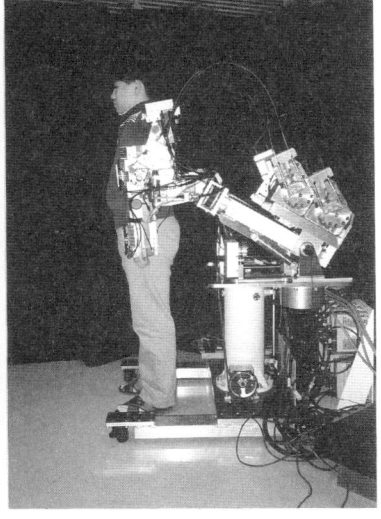

図9.7　開発したHAROを装着した介護者

キャスタ付き移動体（土台部）上に，両腕として直動機構をもつマニピュレータ（ブーム部）が二つ配置されている．各マニピュレータは，ロボットの肩に取り付けられた上腕とその先の前腕とその先端に付けたハンドからなる．上腕と前腕の内部は断面がだ円の空洞となっており，この中に介護者は腕を差し込んで装着する．

装着時に正面から見ると，腕部（上腕と前腕）以外の部材は介護者の陰に隠れるので，外見上はほとんど人間が介護をしているのと変わらず，要介護者は人間に介護されているような安心感をもつ．腕部は部材が開閉式になっており，着脱しやすい構造になっている．上腕と前腕の内側にはそれぞれヒューマンフォースセンサ（HFS）が取り付けられており，これによって操作者が要介護者を動かす際に HARO に加える力を検出することができる．

9.5.2 ヒューマンフォースセンサの開発

ヒューマンフォースセンサ（HFS）は，ひずみゲージ式のセンサユニットであり，両腕の前腕と上腕に1個ずつ 合計4個，取り付けられている．これらは，すべて同じ形状である．HFS は図9.8に示すように，内輪，スプール，ひずみゲージ式圧力センサと外輪で構成されており，内輪の内側に

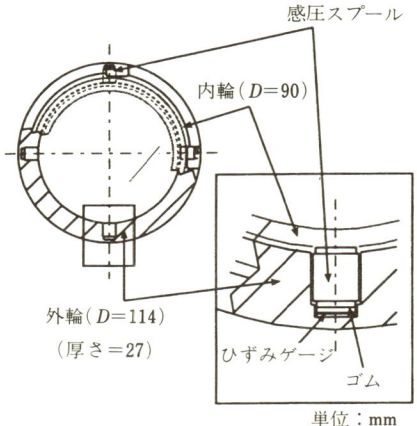

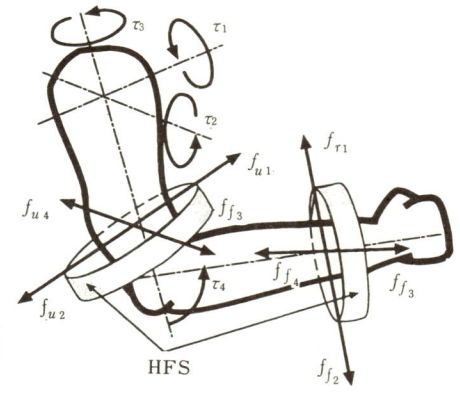

力	運動
τ_1	肩の外側への曲げ
τ_2	肩の内側への曲げ
τ_3	肩の回転
τ_4	肘の曲げ

図 9.8　ヒューマンフォースセンサ（HFS）の断面

図 9.9　HFS の装着位置と力検出

は操作者，外輪の外側にはHAROの腕部が接している[240]．HFSについて操作力の大きさを変化させた場合の特性と操作力の方向の測定を行った．

力の検出精度とヒステリシスがHAROの操作に問題がないことを確認した．操作者が動作を起こすとHAROとHFSに操作力が加わる．その力の大きさと方向とをHFSで検出し，図9.9のように操作者の動きと対応させる．ただし，本研究では矢状平面内の運動について考え，肩の曲げτ_2と肘の曲げτ_4の力のみを考慮した．

9.6 HAROの実験結果

9.6.1 ヒューマンフォースセンサの特性

これまでにHFSを装着して操作するときに，ある HFS への入力が他の HFS へ干渉する現象が確認されている．矢状面での上腕と前腕の動作における干渉についていえば，操作力の干渉はアームの根本方向に生じることがわかっている．つまり，図9.10に示すように前腕HFSを持ち上げようとする力に対して上腕HFSを押し下げようとする力の干渉が生ずる．しかし，その逆は生じない．

前腕のみを動かしたとき，上腕には意図しない干渉力が作用

(a) 干渉発生のメカニズム

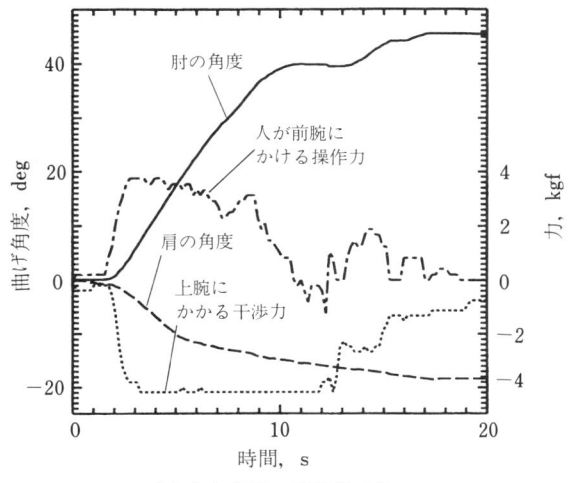

(b) 力と角度の時間的変化

図9.10　人の操作時における干渉力の発生

し操作に悪影響を及ぼす．干渉の効果をなくして操作性を向上するために干渉補正フィルタを開発した．実験によれば，干渉補正フィルタを使用しない場合に比べて使用した場合には動作が滑らかとなり，干渉の影響を抑えることができる．また，HFS による角度の測定誤差は全周 360°について±5°以内となっており，力の大きさと方向の検出に十分使えることを確かめた．

9.6.2 腕の動作と位置制御

腕の動きを矢状平面内に限定して考える．ここでは式(9.2)を用いてインピーダンス制御を行う．

$$\delta\theta_r = \frac{\alpha F_{\text{HFS}}}{kl}kl \tag{9.2}$$

ここに，$\delta\theta_r$：参照角度の増加，α：アシスト比，F_{HFS}：HFS で検出した人の力，k：疑似弾性係数，l：リンクの長さである．

位置の指令値を随時更新していくことで所望の操作性やアシストを実現する．機械的特性より求めた k に操作性に関する定量的な評価を行うため，式(9.3)の評価関数 J を導入した[241]．

$$J = \frac{pJ_{\text{deg}} + qJ_F}{\theta_{\text{max}}} \tag{9.3}$$

ここに，$J_{\text{deg}} = \int\theta_{er}^2 dt$，$J_F = F\int_{\text{HFS}}^2 dt$，$p = 1.0 \times 10^5$，$q = 1.0$ である．

9.6.3 介護動作実験

HARO を装着して抱き上げ動作を行い，操作者が HFS へ加える操作力および肩や肘の関節角度の応答を調べた．図 9.11 に見るように，操作者が HARO に加える力への θ_3（肩関節角）と θ_4（肘

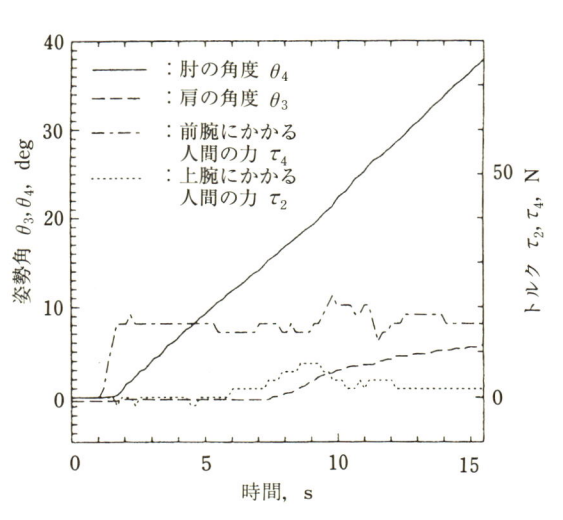

図 9.11 HARO を装着した場合の干渉力の実験結果

(a) 抱上げ動作

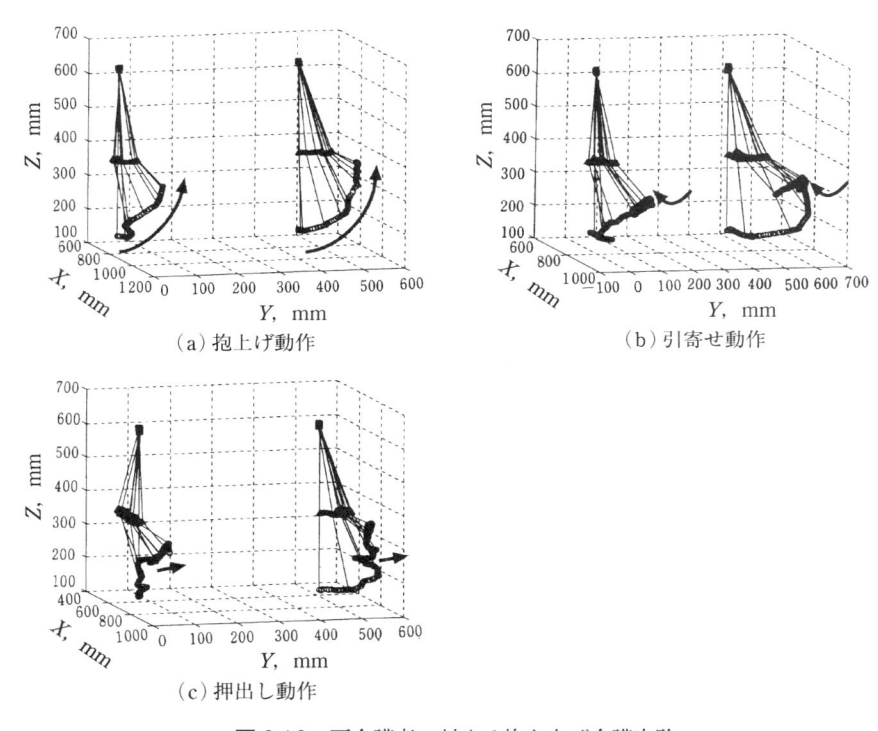

(b) 引寄せ動作

(c) 押出し動作

図 9.12 要介護者に対する抱き上げ介護実験

関節角）の応答が十分なことを示している．

要介護者に対する抱き上げ介護実験の結果を図 9.12 に示す[241]．図から肘や肩関節を使って要介護者を近づけ，転がり落ちないようにしている動作が確認できる．また，本実験では要介護者に接したときの探り動作など，介護者の認知機能を十分に活用した介護動作が実現されている．操作者は HARO による介護が力強く安定しており，安心して操作ができたと感想を述べている．

9.7 HAR のシステム設計と開発

電気通信大学の田口幹助教授は，1996 年から著者らとともに産学共同研究を行い，HARO とは別の HAR（Human Assisting Robot）を研究している[242),243]．図 9.13 に，2 種類の HAR の試作モデルを示す[242]．

タイプ A は，移動部，脚部と腰部で構成した下半身部に背骨部，肩部，腕部

で構成した上半身部を搭載している．タイプBは，タイプAと同じ下半身部に，前腕部と前腕部を含む肘部を支えるパンタグラフ機構で構成した上半身部を搭載している．設計では，身長170 cmの介護者の体型を実測して参考とした．タイプBの実機を装着してダミー人形を椅子へ抱き下ろす様子を図9.14に示す．

（a）タイプA　　　（b）タイプB

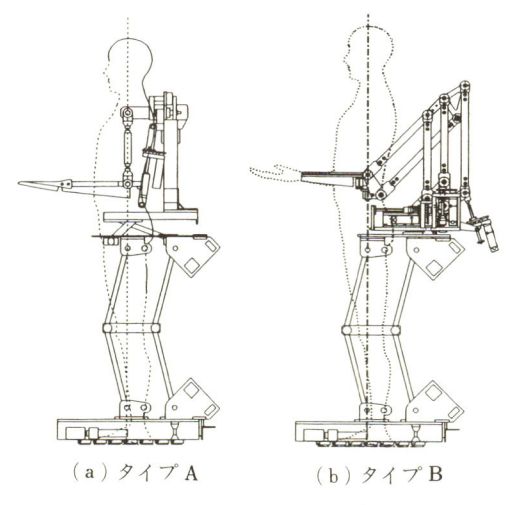

図9.13　2種類のHARの試作モデル

(1) HARの機構と動作

HARでは，主として**介護用ベッドからの要介護者の抱き上げ，抱き下ろし，車椅子への移乗**を対象動作としている．これらは基本的介護動作であり，介護の頻度が高く介護者の肉体的負担が大きい．特に腰部への負担が多いため，介護動作を行う腕部のみならず，それを支える下半身部とりわけ腰部への負担が大きく，支援器具開発のニーズが大きい．

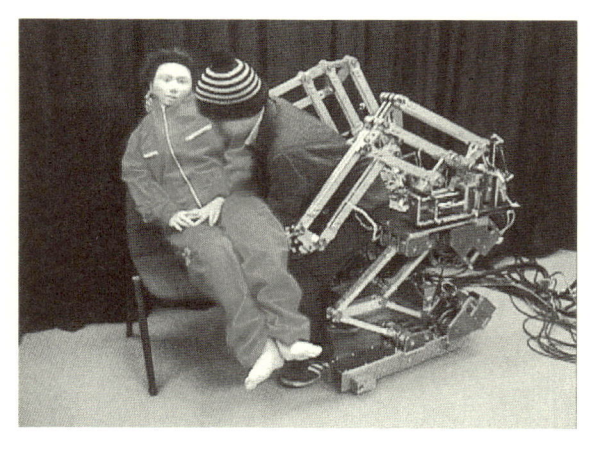

図9.14　タイプB実機を装着して人形を椅子へ移乗させる動作

ベッドからの抱き上げ動作は，寝ている要介護者へ接近し，要介護者の上半身を起こしながら腰部を引き付けて相手の重心を介護者のそれに近づける，要介護者の下半身をもち上げ，次に肩部を引き付けながらもち上げる動作を連続

9.7 HARのシステム設計と開発

して行うことである．抱き下ろし動作はその逆である．車椅子への抱き下ろし動作は，まず要介護者を車椅子の上にくるように介護者の上半身を前屈させた後に要介護者を車椅子に下ろすことになる．

（2）タイプAとタイプB

HARとしてタイプA，Bの2種類のモデルを開発した．下半身部は両タイプともに共通で，その上に搭載する上半身部を換装することで両タイプの切換えができる．下半身部は，図9.15に示すように，腰部，脚部および移動部で構成し，装置が介護者を後ろから抱えるように装着する．移動部には連続した介護動作ができるようにモータ駆動のクローラを取り付けてあるので，全方向移動が可能である[243]．

脚部は，上半身部のベースとなる腰部を支持し，必要に応じて介護者の腰の屈伸運動に相当する鉛直方向とバランスをとるため，前後（水平）方向に腰部を動かすことができる．このため，平行リンクを上下に二つ連結した機構を採用し，上下2組の平行リンク機構を独立に制御することにより腰部を上下前後方向に動かす．

各リンクはウォームギヤを介してDCサーボモータで駆動する．また，平行リンクの駆動されない対偶の一つに定荷重ばねを用いて装置上部の自重を補償する．腰部は，その上面を矢状面内で傾け，その上に搭載される上半身部を前傾させる．前傾動作を実現するために2組のクロスリンクを介護者の腰部の両脇に配置し，クロスリンクを変形させることで前傾動作に追従させる．クロスリンクの変形は介護者の両脇に搭載したボールねじの伸縮により実現される．

・タイプA：図9.16に介護者がHARのタイプAを装着した状態を示す．タイプAの主な仕様は，全高1 540 mm，全幅800 mm，全質量約80 kg，可搬質量は片腕30 kgで両腕で60 kgと設定した．腕部可動範囲は，純側方挙上

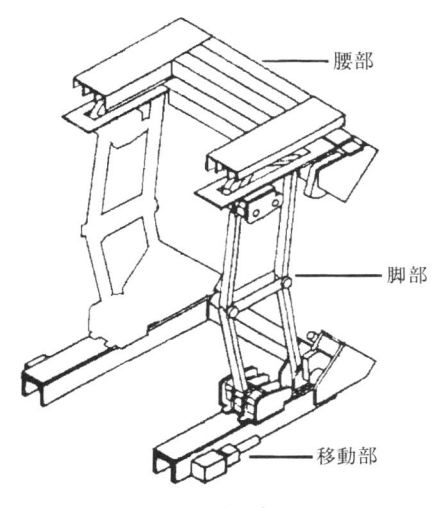

図9.15 下半身部の概要

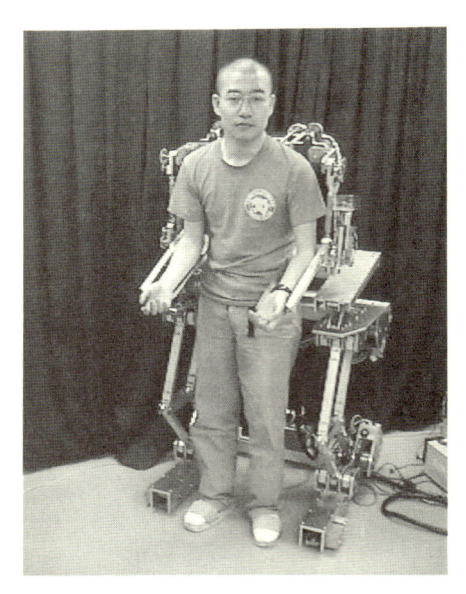

図 9.16 介護者がタイプ A を装着した状態

0〜90°,前方挙上 0〜47°,屈曲最大 29°である.

・タイプ B:タイプ B の上半身部は下半身部の上に,直接,前腕部を含む肘部を支えるパンタグラフ機構と前腕部を屈曲させる機構を搭載している.介護者は,ロボットの腕と前腕部のみで接しており,ロボットアームは介護者の前腕を上方にアシストする.

介護者とロボットアームの関節位置が違う位置にあることから,ロボットアームの可動範囲は介護者のそれよりも大きいというメリットがある.一方,逆関節方向に曲がってしまうなどの不都合がでる.そのため,目標の移乗動作に支障のない程度にアクチュエータで駆動する自由度に影響のある範囲にはリミットスイッチと介護者による自力操作の自由度により影響のある範囲には物理的拘束を設けて対処するほか,制御ソフト上でも監視し,リミットでの動作停止を行っている.

上半身部は,介護者の前腕を下から支えるアーム支持部と腕を回旋する肘部からなる前腕部,パンタグラフ機構と前腕部を屈曲させるための平行リンクで構成されるリンク部に大別できる.前腕部は,リンク機構により装着する介護者に関係なくつねに垂直方向に屈曲する.リンクで肘の空間座標を指定するので介護者の肘をロボットアームにしっかりと拘束する必要がある.肘部にはアシストする 3 自由度を制御するためのセンサが付けられている.

(3) 下半身部の制御

下半身部の各リンクの制御は,介護者の動作に追従する位置制御とし,フォトカプラを用いた光センサにより介護者の脇腹と大腿骨大転子付近に取り付けた LED の光を検出することで矢状面内の移動量を測定し,逆運動学により目

標値を計算している．光カプラが LED の光を見失ったとき検出値はゼロとなり動きは停止する．

(4) タイプ B のアシスト制御

タイプ B では，前腕部の屈曲とパンタグラフ機構の 2 自由度をロボットでアシストし，前腕回旋と台座部の回転は介護者による自力操作としている．前腕部屈曲は介護者とロボットアーム間に作用する力をヒューマンフォースセンサ (HFS) で検出して肘まわりのトルクとして制御する．

パンタグラフ機構の 2 自由度は，水平方向の X テーブルと垂直方向の 2 自由度の Z テーブルにより互いに干渉することなく独立に制御できる．水平，垂直方向の 2 自由度それぞれに HFS を装備し，介護者の肘がロボットを押す力を相互作用力として 2 方向独立に検出する．そして，その値が各方向ごとに一定値を保つように制御する．

HAR を装着して介護者の動作に前腕と肘を追従させる実験を行った結果を図 9.17 に示す．これは，ロボットアームが一定の力で介護者の前腕を押し上げ続ける状態で介護者が腕を屈曲させたときの関節角を測定したものである．これより，ロボットが介護者の腕の屈曲角の大きさにかかわらず一定の力でアシストしていることがわかる．アシストされている状態で介護者は前腕を自由に上下に動かせることを確かめた．

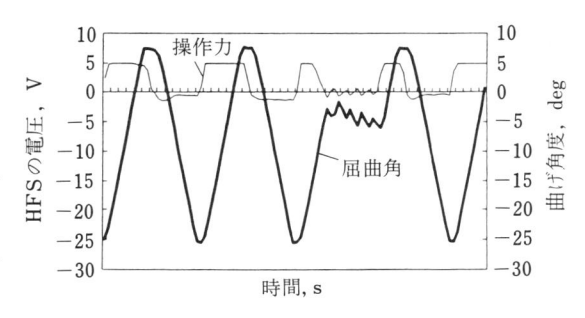

図 9.17 介護者の動作に前腕と肘を追従させた実験結果

9.8 まとめ

21 世紀を迎えた日本で深刻な社会問題ともなっている介護者の絶対数不足と介護者保護のために期待される人間支援システムとして，介護者が装着するタイプの介護用ロボットのコンセプトと研究開発の概要，実機開発および介護実験結果などを述べた．

人間が人間を支援するというニーズは,福祉や医療分野ばかりでなく,大災害や日常的レスキュー活動でも緊急的ニーズがある.大規模災害後の人命救助はその重要な例である.

1995年1月に発生した阪神淡路大震災後,日本機械学会ロボメカ部門は直ちに研究分科会を発足させ,調査研究活動を行った[244].さらに,同学会内に災害現場の実状に即した新しくかつ役に立つレスキュー機器・システム作りをするため,大規模災害救助ロボットシステムの開発研究分科会を設け,1997年4月から2年間,産学官で共同研究開発を行って成果をあげた[245].

2000年10月,米国国防省防衛先端研究企画局（DARPA：Defense Advanced Research Project Agency, Department of Defense）の担当官ら4名が電気通信大学にきてHAROとHARを見学し,パワーアシストに関する意見交換を行った.外骨格型増力装置は,もともと米国で軍事目的のために開発されたという歴史的事実があるので,この分野への利用が検討されていると思われる.

参考文献

1) 青木・山藤：粉体工学会誌, **2**-2 (1965) p.52；同, **3**-1 (1966) p.33；山藤・川口・青木：粉体工学会誌, **4**-4 (1967) p.881.
2) K. Yamafuji : Bulletin of JSME, **18**-123 (1975) p.1018；同, **18**-126 (1975) p.1425；ターボ機械, **3**-2 (1975) p.566；山藤・大橋：同, **4**-2 (1976) p.83.
3) 中村：日本ロボット学会誌（以下，ロボ学誌），**11**-4 (1993) p.521.
4) 中村ほか：計測と制御, **36**-6 (1997) p.400.
5) A. d'Auria : Proc. of 7th ISIR, Tokyo (1977) p.31.
6) A. d'Auria and M. Salmon : Proc. of 5th ISIR, Chicago (1975).
7) 牧野：日本機械学会誌（以下，機学誌），**86**-773 (1983) p.367.
8) 牧野：山梨大学工学部研究報告, **28** (1977) p.48.
9) 日経メカニカル 5月25日号 (1981) p.44.
10) 山藤：ロボット, 日本産業用ロボット工業会, **39** (1983) p.4.
11) J. Hartley : The Industrial Robot (March 1982) p.56.
12) A. Koshiyama and K. Yamafuji : Intern. Journal of Robotics Research, **12**-5 (1993) p.411.
13) G. Oriolo and Y. Nakamura : Proc. IEEE/RSJ Intern. Workshop on Intelligent Robots and Systems (1991) p.1248.
14) G. Oriolo and Y. Nakamura: Proc. 30th IEEE Intern. Conf. on Decision and Control (1991) p.2398.
15) 20年の歩み，日本産業用ロボット工業会 (1992).
16) 山藤：自動化技術, **20**-11 (1988) p.113.
17) 田中・大井・山藤：日本機械学会論文集（以下，機論），**65**-629 C (1999) p.146.
18) H. Yang, K. Yamafuji, T. Tanaka, K. Arita and N. Ohara : Proc. of 3rd Intern. Conf. on Advanced Mechatronics, **1**, Okayama (1998) p.85.
19) 山藤：ロボット A to Z, オーム社 (1995).
20) K. Yamafuji, I. Tanokura, H. Ogura and Y. Suzuki : Proc. of 2nd Intern. Conf. on Mechatronics and Machine Vision in Practice, Hong Kong (1995) p.270.
21) Q. Feng and K. Yamafuji : Robotica, Cambridge Univ. Press, **6**-2 (1988) p.235.
22) 山藤・井上：日本機械学会（以下, 機学）・精密工学会（以下, 精学）山梨地方講論 (1986) p.4.

23) S. Mori, N. Nishihara and K. Furuta : Intern. J. of Control, **23**-5 (1976) p. 673.
24) 杉江・井上・木村：計測自動制御学会論文集（以下，計論），**14**-5 (1983) p. 591.
25) 林・嘉納・増淵：計論，**15**-7 (1977) p. 425.
26) 山藤・河村：機論，**54**-501 C (1988) p. 1114.
27) 山藤・河村：ロボ学誌，**7**-4 (1989) p. 338.
28) 山藤・宮川・河村：機論，**55**-513 C (1989) p. 1229.
29) 松本・梶田・谷：ロボ学誌，**8**-5 (1990) p. 41.
30) Y. N. Lee, T. W. Kim and I. H. Suh : Mechanics, **4**-1 (1994) p. 71.
31) N. Hiraoka and T. Noritsugu : Proc. of 2nd Japan-France Congress on Mechatronics (1994) p. 7.
32) 平岡・則次：機論，**61**-592 C (1995) p. 4638.
33) 平林・山藤：機論，**56**-523 C (1990) p. 721.
34) 江村・酒井：バイオメカニズム，**2** (1974) p. 321.
35) 本間・井口 ほか 3 名：ロボ学誌，**2**-4 (1984) p. 366.
36) 平林・山藤：機論，**57**-539 C (1991) p. 2328.
37) 平林・山藤：機論，**59**-563 C (1993) p. 2185.
38) 牧野：自動機械機構学，日刊工業新聞社 (1976).
39) 平林・山藤：機論，**58**-552 C (1992) p. 2501.
40) 山藤・成瀬：日本国特許第 2772972 号.
41) 金井・山藤：機論，**57**-539 C (1991) p. 2336.
42) 平林・山藤：機論，**58**-545 C (1992) p. 193.
43) 松岡：バイオメカニズム，**5** (1980) p. 251.
44) M. H. Raibert : Legged Robots That Balance, MIT Press (1986).
45) T. Hirabayashi and K. Yamafuji : JSME Intern. Journal, Series 3, **35**-4 (1992) p. 598.
46) 山藤・越山：機論，**56**-527 C (1990) p. 1818.
47) 越山・山藤：機論，**57**-539 C (1991) p. 2285.
48) 山藤・越山・三沢・奥田：機論，**59**-564 C (1993) p. 2368.
49) 保井・山藤：機論，**57**-538 C (1991) p. 1904.
50) 桃井・山藤：機論，**57**-541 C (1991) p. 2938.
51) 松本・梶田・谷・大音：ロボ学誌，**13**-6 (1995) p. 822.
52) 城間・松本・谷：機論，**64**-628 C (1998) p. 4694.
53) N. Hiraoka and T. Noritsugu : Proc. of 3rd Intern. Conf. on Advanced Mechatronics, **2**, Okayama (1998) p. 698.

54) 尾坂・嘉納・増淵：ビークルオートメーションシンポジウム (1980) p. 63.
55) 川路・汐月・松永・木佐貫：電気学会論文誌, **107**-D-1 (1987) p. 21.
56) A. Schoonwinkel : Ph. D Thesis, Stanford University (1987).
57) Z. Q. Sheng and K. Yamafuji : JSME Intern. Journal, Series 3, **38**-2 (1995) p. 249.
58) Z. Q. Sheng and K. Yamafuji: Journal of Robotics and Mechatronics, **6**-2 (1994) p. 169.
59) 盛・山藤：機論, **61**-583 C (1995) p. 1042.
60) 小出：解析力学, 岩波書店 (1983).
61) Z. Q. Sheng and K. Yamafuji : JSME Intern. Journal, Series 3, **39**-3 (1996) p. 560
62) Z. Q. Sheng and K. Yamafuji : JSME Intern. Journal, Series 3, **39**-3 (1996) p. 569.
63) Z. Q. Sheng and K. Yamafuji : IEEE Trans. on Robotics and Automation, **13**-5 (1997) p. 709.
64) Z. Q. Sheng, K. Yamafuji and S. V. Ulyanov : Journal of Robotics and Mechatronics, **8**-6 (1996) p. 571.
65) 大倉・山藤・田中：機学ロボメカ講論 (1998) A 13-7 (1).
66) 渡辺・大倉・山藤・S. V. Ulyanov：ロボ学講予稿, 3 (1996) p. 1043.
67) V. S. Ulyanov, S. Watanabe, K. Yamafuji, S. V. Ulyanov, L. V. Litvintseva and I. Kurawaki : Advanced Robotics, Robotic Society of Japan, **12**-4 (1998) p. 455.
68) S. V. Ulyanov, S. Watanabe, V. S. Ulyanov, K. Yamafuji, L. V. Litvintseva and G. G. Rizzotto : Soft Computing, **2**-2 (1998) p. 73.
69) L. Brillouin : Information Theory and Science, Academic Press (1959).
70) 鶴賀：ロボ学誌, **8**-3 (1990) p. 365.
71) 越山・山藤：機論, **58**-548 C (1992) p. 1128.
72) 越山・山藤：機論, **58**-548 C (1992) p. 1137.
73) 越山・山藤：機論, **58**-548 C (1992) p. 1146.
74) 越山・山藤：機論, **57**-539 C (1991) p. 2285.
75) 山藤：機械の研究, **51**-8 (1999) p. 883.
76) 臼井・鴨下・永田：機論, **62**-600 C (1996) p. 3124.
77) A. Halme, T. Schoenberg and Y. Wang : Proc. of IEEE/ RSJ 4th Intern. Workshop on Advanced Motion Control, Tsu (1996) p. 236.

78) S. Fujisawa, K. Ohkubo, T. Umemoto, T. Yoshida, Y. Shidama and H. Yamaura : Proc. of 29th Intern. Symp. on Robotics, Birmingham (1998) p. 236.
79) 山藤・平林・松田：ロボ学講予稿 (1987) p. 361.
80) Miomir Vukovratovic（加藤・山下　訳）：歩行ロボットと人工の足，日刊工業新聞社 (1975).
81) 山藤・竹村・藤本：機論，**57**-538 C (1991) p. 1930.
82) 桃井・山藤・藤本：機学ロボメカ講論，B (1992) p. 233.
83) K. Taguchi, Y. Momoi and K. Yamafuji : Proc. of 3rd Intern. Conf. on Advanced Mechatronics, **2**, Okayama (1998) p. 608.
84) S. Moromugi, K. Yamafuji, T. Tanaka, S. V. Ulynov and L. V. Litvintseva : Proc. of 2nd Intern. Workshop on Advanced Mechatronics (1997) p. 242.
85) K. Nakakuki, H. Yoshinada, K. Yamafuji and H. Fujimoto : Proc. of Asian Conf. on Robotics and its Application, Hong Kong (1991) p. 199.
86) 中久喜・山藤：機論，**57**-533 C (1991) p. 216.
87) 中久喜・山藤・四方：機論，**58**-555 C (1992) p. 3299.
88) 中久喜・山藤：機論，**59**-559 C (1993) p. 850.
89) K. Nakakuki, H. Fujimoto and K. Yamafuji : Proc. of 2nd Intern. Conf. on Advanced Robotics, Tokyo (1993) p. 804.
90) 山藤・三矢：機論，**57**-537 C (1991) p. 198.
91) 山藤：子供の科学，**55**-6 (1992) p. 18.
92) 中野・大久保・木村：ロボ学誌，**9**-2 (1991) p. 169.
93) V. V. Lapshin : Intern. Journal of Robotics Research, **10**-4 (1991) p. 327.
94) D. E. Koditschek and M. Buehler : Intern. Journal of Robotics Research, **10**-6 (1991) p. 587.
95) 大久保・中野・木村：ロボ学誌，**10**-7 (1992) p. 948；同，**12**-8 (1994) p. 1231.
96) H. Rad, P. Gregorio and M. Buehler : Proc. of 1993 IEEE/RSJ Intern. Conf. on Intelligent Robots and Systems (1993) p. 1778.
97) 青山・李：精学秋期全国大会講論 (1999) p. 213.
98) J. Bailieul : Proc. of American Control Conf. (1990) p. 2448.
99) 中村：ロボ学誌，**11**-7 (1993) p. 999.
100) 荒井：計測と制御，**36**-6 (1997) p. 404.
101) 山藤・小嶺：機論，**55**-515 C (1989) p. 1684.
102) 山藤・舟木：機学ロボメカ講論，**890**-20 (1989) p. 91.
103) 遊びのハイテク－江戸時代からのメッセージ・からくり人形展，朝日新聞社

(1987) p. 34.
104) 山藤・福島・山本：機学ロボメカ講論, **890**-20 (1989) p. 60.
105) 山藤・福島・山本：機論, **56**-531 C (1990) p. 2851.
106) 山藤・前川・藤本：機論, **57**-535 C (1991) p. 860.
107) K. Yamafuji, D. Fukushima and K. Maekawa : JSME Intern. Journal Series 3, **35**-3 (1992) p. 456.
108) 鈴木：東京大学大学院博士学位論文 (1997).
109) 福田・近藤：機学ロボメカ講論, **890**-20 (1989) p. 54.
110) 山藤・前川・佐々木：ロボ学講予稿, 2 (1990) p. 617.
111) 福田・斉藤・新井：ロボ学講予稿, 2 (1990) p. 615.
112) 斉藤：名古屋大学大学院博士学位論文 (1995).
113) 田口・河原崎・稲垣：ロボ学講予稿, 3 (1992) p. 965.
114) 梶原・橋本・松田・土谷：ロボ学講予稿, 3 (1998) p. 1157.
115) 山藤・石崎：機学ロボメカ講論, **890**-20 (1989) p. 199.
116) 高島・池田：機学ロボメカ講論, **890**-20 (1989) p. 56
117) 河村・山藤・藤本：ロボ学講予稿, 3 (1989) p. 107.
118) 戸田：力学, 岩波書店 (1982).
119) T. R. Kane and M. P. Scher : Intern. Journal of Solids and Structures, **5** (1969) p. 663.
120) 小佐・上村・林：東京教育大学スポーツ研究所報, **11** (1975) p. 63.
121) C. Froehlich : American Journal of Physics, **3** (1979) p. 583.
122) 朝日新聞 12月6日 夕刊 (1989) p. 5.
123) 塚平：子供の科学, **53**-3 (1990) p. 34.
124) 足利：BASIC数学, **4** (1991) p. 84.
125) 河村・山藤・小林：機論, **57**-544 C (1991) p. 3895.
126) T. Kawamura, K. Yamafuji and T. Kobayashi : Journal of Robotics and Mechatronics, **3**-5 (1991) p. 437.
127) 宇野：油圧と空気圧, **17**-3 (1986) p. 175.
128) 山藤・河村・小林：機学流体工学講論, **920**-68 (1992) p. 406 ;
129) T. Kawamura, K. Yamafuji, K. Tanaka and T. Tanaka : Intern. Journal of Mechanics and Control, **1**-1 (2000) p. 35.
130) 山藤・小林・河村：ロボ学誌, **10**-5 (1992) p. 648.
131) 河村・山藤・小林：機論, **58**-552 C (1992) p. 2495.
132) 山藤：子供の科学, **54**-8 (1991) p. 38.

133) 土屋・中野：ロボ学講予稿, **3**（1992）p. 957.
134) 中野・土屋：ロボ学誌, **11**-1（1993）p. 91.
135) T. Kawamura, H. Kawahara and M. Nakazawa : Journal of Robotics and Mechatronics, **7**-6（1995）p. 483.
136) R. Montgomery : Nonholonomic Motion Planning (Ed. L. Canny), Kluwer Publ. (1993).
137) 河村・山藤・村山：機論, **58**-545 C（1992）p. 151.
138) 小林・山藤：ロボ学講予稿, **3**（1992）p. 959.
139) 山藤・本多・小林：機論, **59**-565 C（1993）p. 2780.
140) 山藤・本多・小林・羽室：機学ロボメカ講論（1993）p. 366.
141) 河村：生物に学ぶ：生体機能を生かしたロボット研究の最先端, ロボ学ロボット工学セミナー・テキスト（2001）p. 9.
142) 五閑・山藤・吉灘：機論, **58**-545 C（1992）p. 200 ;
JSME Intern. Journal, Ser. 3, **37**-4（1994）p. 739.
143) 松岡：機論, **43**-376（1977）p. 4501.
144) J. Hodgins and M. H. Raibert : Biped Gymnastics, **4**, MIT Press（1988）p. 4.
145) 平林・山藤：機論, **56**-529 C（1990）p. 2454.
146) 五閑・吉灘・山藤：ロボ学講予稿（1993）p. 1083.
147) 佐野・古荘：計論, **26**-4（1990）p. 459.
148) 五閑・吉灘・山藤：ロボ学講予稿, **3**（1993）p. 1083
149) 五閑・山藤・吉灘・前田：機学 AVD シンポジウム論集（1994）p. 114
150) 高梨・山藤・林・柳沢：ロボ学講予稿, **3**（1994）p. 1205.
151) 和田・山藤・宮本：機論, **66**-647 C（2000）p. 2220.
152) 和田・河村・五閑・山藤：機学ロボメカ講論（2000）.
153) 山藤：機学ロボメカ部門ニュースレター, **5**（1990）p. 7.
154) 山藤・千々松：ロボ学講予稿（1988）p. 193.
155) 山藤・大崎：機学ロボメカ講論（1989）p. 24.
156) 小嶺・山藤：機学ロボメカ講論（1990）p. 287.
157) 國吉・稲葉・井上：ロボ学講予稿（1989）p. 261.
158) Y. Kuniyoshi, M. Inaba and H. Inoue : Proc. of 20th Intern. Symp. on Industrial Robots, Tokyo（1989）p. 119.
159) 國吉・井上・稲葉：ロボ学誌, **9**-2（1991）p. 295.
160) 林・木村・中野：ロボ学誌, **10**-3（1992）p. 385.
161) K. Ikeuchi and T. Suehiro : IEEE Trans on Robotics and Automation, **10**-3

(1994) p. 368.
162) S. Liu and H. Asada : ロボ学誌, **13**-5 (1995) p. 592.
163) 池内・カン : ロボ学誌, **15**-5 (1995) p. 599.
164) 岡・高橋・関・小島 : ロボ学誌, **13**-5 (1995) p. 603.
165) 毎日新聞 1月25日 (1988).
166) 日本経済新聞 2月10日 (1996).
167) 山藤 : 機学通常総会講論, **4** (1994) p. 471.
168) S. Ulyanov, K. Yamafuji, T. Komine and A. Koike : Proc. of 2nd Intern. Conf. on Mechatronics and Machine Vision in Practice, Hong Kong (1995) p. 67.
169) 植田・田中・山藤・佐伯 : ロボティクスシンポジア講論 (1997) p. 49.
170) 間瀬 : ロボ学誌, **16**-6 (1998) p. 945.
171) 田中・山藤・渡辺・片江 : 機論, **64**-628 C (1998) p. 4702.
172) 津村・藤原・白川・岡崎 : 機論, **47**-421 C (1981) p. 1153.
173) 渡辺・井上・山藤 : 機学ロボメカ講演会講論, **95**-17 A (1995) p. 88.
174) 橋本・山本・麻生・阿部 : 計論, **31**-10 (1995) p. 1671.
175) H. Wang, T. Ishimatsu and J. T. Mian : JSME Intern. Journal, **40**-3 C (1997) p. 433.
176) 小森谷・舘・谷江 : ロボ学誌, **2**-3 (1984) p. 222.
177) 前山・大矢・油田 : 機学ロボメカ講演会講論, **96**-2 A (1996) p. 690.
178) 矢野 : 精学自動組立専門委員会前刷集, **85**-2 (1985) p. 1.
179) 東京精密 三次元座標測定器 XYZAX GC 400, 600 仕様書 (1986).
180) 三豊製作所 CNC 三次元測定機 FN 503, FN 704 仕様書 (1986).
181) 徳井・山藤 : 機論, **53**-492 C (1987) p. 1795.
182) 日本経済新聞 12月17日 (1986).
183) 日本経済新聞 10月1日 (1990).
184) 豊田 : 日本経済新聞 8月9日夕刊 (2000) p. 9.
185) 山藤 : 精密工学会誌 (以下, 精学誌), **57**-2 (1991) p. 202.
186) H. Makino and K. Yamafuji : Proc. of 5th Intern. Conf. on Assembly Automation, Paris (1984) p. 1.
187) 宮川 : 機学講習会テキスト (1986) p. 57.
188) 山際 : 精学自動組立専門委員会前刷集, **88**-6 (1988) p. 1.
189) 高橋 : 精学自動組立専門委員会前刷集, **88**-6 (1988) p. 18.
190) P. Corrado, F. Fenoglio : 日経メカニカル 3月21日号 (1988) p. 49.
191) H. J. Warnecke et al. : Proc. of 19th Intern. Conf. on Assembly Automation,

Kanazawa (1989) p. 131.
192) J. Lempiainen et al. : Proc. of 19th Intern. Conf. on Assembly Automation, Kanazawa (1989) p. 149.
193) 山藤:機学誌, **91**-837 (1988) p. 188.
194) 山藤:機械の研究, **36**-2 (1984) p. 239.
195) 山崎:精学誌, **57**-2 (1991) p. 224.
196) 宮崎:精学誌, **57**-2 (1991) p. 228.
197) 川名:精学誌, **57**-2 (1991) p. 236.
198) 木村:精学誌, **57**-2 (1991) p. 240.
199) 竹永:技報テレサ (TERESA), 三協精機製作所, **2**-1 (1991) p. 21.
200) K. Yamafuji and H. Makino : Proc. of 8th Intern. Conf. on Assembly Automation, Copenhagen (1987) p. 1.
201) H. Makino and K. Yamafuji : Proc. of 9th Intern. Conf. on Assembly Automation, London (1988) p. 3.
202) 牧野:精学誌, **57**-2 (1991) p. 206.
203) 梶田:機学ロボメカ部門ニュースレター, 21 (1997) p. 7.
204) 山藤:機械の研究, **52**-8 (2000) p. 895.
205) 山藤:機械の研究, **52**-9 (2000) p. 965.
206) 自動組立専門委員会編:自動組立の基礎と応用, 精学 (1984).
207) 山藤:機械の研究, **52**-11 (2000) p. 1172.
208) 佐々木:精学シンポジウム論集 (1990) p. 103.
209) H. Z. Yang, K. Yamafuji and T. Tanaka : ロボ学講予稿, 1 (1997) p. 2.
210) 山藤:自動化技術, **25**-6 (1993) p. 90.
211) H. Z. Yang, K. Yamafuji, K. Arita and N. Ohara: Intern. Journal of Advanced Manufacturing Technology, Springer, **15**-6 (1999) p. 43.
212) H. Z. Yang, K. Yamafuji, T. Tanaka and S. Moromugi : Intern. Journal of Advanced Manufacturing Technology, Springer, **16**-8 (2000) p. 582.
213) N. Sekiguchi, H. Z. Yang, T. Tanaka and K. Hashimoto : Proc. of Japan-US Symp. on Flexible Automation, Ann Arbor-USA (2000) p. 13084-1.
214) H. Z. Yang, K. Yamafuji and K. Tanaka : Intern. Journal of Advanced Manufacturing Technology, Springer, **16**-1 (2000) p. 65.
215) H. Z. Yang, K. Yamafuji, K. Tanaka : Proc. of World Congress on Manufacturing Technology, Durham-UK (1999) p. 544.
216) 経済企画庁編:国民生活白書 (1996) p. 159.

217) "人間をスーパーマンに"：日本経済新聞 12月4日夕刊（1994）.
218) "A Robosuit for Rescue Workers"：Business Week, Jan. 16 (1995).
219) 山藤・S. V. ウリアノフ, M. Q. フェン：建築保全, 95 (1995) p.26.
220) 森下・小原・田中・山藤：ロボ学講予稿, 2 (1997) p.343.
221) R. S. Mosher : Proc. of Automotive Engineering Congress, SME **67**-0088 (1967) p.588.
222) E. Nakano, T. Arai, K. Yamaba, S. Hashino et al. : Proc. of 11th Inten. Symp. on Industrial Robots (1981) p.87.
223) S. Hashino, T. Iwaki, C. T. Wang and E. Nakano: Proc. of 20th Inten. Symp. on Industrial Robots (1989) p.461.
224) 橋野：ロボ学誌, **8**-5 (1990) p.604.
225) (株)ブリヂストン：高年齢介護作業者用補助システム研究開発報告書 (1989).
226) H. Kazerooni and S. L. Mahoney : Trans. ASME, Journal of Dynamic Systems, Measurement, and Control, **113** (Sept. 1991) p.379.
227) H. Kazerooni and J. Guo : Trans. ASME, Journal of Dynamic Systems, Measurement, and Control., **115** (June 1993) p.281.
228) K. Hollerbach, C. F. Ramos and H. Kazerooni : Proc. of American Control Conf., San Francisco (1993) p.736.
229) H. Kazerooni and M. G. Her : IEEE Trans. on Robotics and Automation, **10**-4 (1994) p.453.
230) 岡本・大岡・山田・小野 ほか：ロボ学誌, **8**-4 (1990) p.397.
231) 岡本・大岡・高田・土井：ロボ学誌, **8**-4 (1990) p.397.
232) 林原・谷江・荒井：機論, **61**-591 C (1994) p.196.
233) 山本・兵藤・今井：神奈川工科大学研究報告 B 理工編, 20 別冊 (1996).
234) 小菅・藤澤・福田：機論, **59**-562 C (1993) p.1751.
235) 小菅・藤澤・福田：機論, **60**-572 C (1994) p.1337.
236) 則次・安藤・山中：ロボ学誌, **13**-1 (1995) p.141.
237) P. Li and R. Horowitz : Proc. of IEEE/RSJ 4th Intern. Workshop on Advanced Motion Control, Tsu (1996) p.271.
238) 森下・田中・倉脇・山藤：ロボ学講予稿, 1 (1998) p.1144.
239) 小山・山藤・田中：機論, **66**-651 C (2000) p.3697.
240) T. Koyama, T. Tanaka and M. Q. Feng : Proc. of Intern. Conf. on Mechatronics and Information Technology, Yamaguchi (2001) p.406.
241) T. Koyama, M. Q. Feng and T. Tanaka : Machine Intelligence and Robotic

Control, **2**-4 (2000) p. 163.
242) 青木・佐藤・田口・小原：ロボ学講予稿，1 (1998) p. 607.
243) T. Aoki and K. Taguchi : Journal of Robotics and Mechatronics, **31**-2 (2001) p. 183.
244) 救助用ロボット機器の研究開発に資することを目的とした阪神淡路大震災における人命救助の実態調査報告書，機学 (1997).
245) RC 150 大規模災害救助ロボットシステムの開発研究分科会（レスキューロボット）研究報告書，機学 (1999).

索　引

ア　行

アーム・脚モデル ･････････････ 27, 28
アーム・車輪モデル ････････････････ 27
アイデア発想法 ････････････････････ 56
足踏み動作 ････････････････････････ 59
アプローチ軌道 ････････････････････ 83
雨戸乗り ･･････････････････････････ 56
綾渡り人形 ････････････････････････ 80
安定性評価法 ･･････････････････････ 51
安定モード ････････････････････････ 78
一軸猫ひねりモデル ･･････････････ 105
位置制御 ･･････････････････････････ 82
一輪車 ････････････････････････････ 34
一腕増力装置 ････････････････････ 174
一般化運動量 ････････････････････ 118
一般化運動量ベクトル ････････････ 118
一般化合成重心フィードバック制御法
　････････････････････････････････ 23
一本足ロボット ････････････････････ 59
移動形態適応型移動ロボット ････････ 27
移動方向制御 ･･････････････････････ 63
インピーダンス制御 ･･････････････ 176
雲梯渡りロボット ･･････････････････ 75
エントロピー変化 ･･････････････････ 52
オイラー角 ････････････････････････ 40
オフラインティーチング ･･････････ 132
オフラインロボット ･･････････････ 161
面白ロボット ･･････････････････････ 56
折りたたみロボット ･･････････････････ 88
オンラインロボット ･･････････････ 160

カ　行

外骨格型パワーアシスト装置 ･････ 172
介護ロボット ････････････････････ 171
角度保持軌道 ･･････････････････････ 83
仮想的なハエ ････････････････････ 144
可変構造型ロボット ･･････････････ 32

慣性ひねり ････････････････････････ 91
期待速度曲線 ････････････････････ 176
拮抗筋 ････････････････････････････ 93
脚・脚モデル ･･････････････････････ 29
球状一輪車 ････････････････････････ 53
空中移動ロボット ･･････････････････ 80
空中浮上 ････････････････････････ 103
組立て用ロボット ････････････････････ 4
ゲイン変化法 ･･････････････････････ 17
合成重心位置 ･･････････････････････ 20
合成重心フィードバック制御法 ･････ 22
高速走行 ･･････････････････････････ 25
故障診断 ････････････････････････ 164
ゴム人工筋アクチュエータ ･･･････ 94
コンプライアンス ････････････････････ 4
コンプライアンス制御 ････････････ 175

サ　行

サービス用知能移動ロボット ･････ 138
サーボ指令法 ･･････････････････････ 17
サイクロイド曲線 ･･････････････････ 26
最適負荷 ････････････････････････ 166
最適振動条件 ･･････････････････････ 85
最適セル数 ･･････････････････････ 167
作業腕付き平行二輪車 ･･････････････ 31
猿の枝渡り ････････････････････････ 88
三次元姿勢変換 ･･････････････････ 106
三次元猫ひねりロボット ･･････････ 105
サンプリング時間 ･･････････････････ 16
残留振動 ･･･････････････････････････ 5
視覚認識システム ･･････････････････ 134
自己位置認識システム ････････････ 139
姿勢安定化の原理 ･･････････････････ 19
姿勢角パラメータ ･･････････････････ 110
姿勢制御法 ････････････････････････ 13
実演による作業教示 ･･････････････ 137
自動プログラミング機能 ･･････････ 133
ジャイロ効果 ･･････････････････････ 36

縮退モード ……………………… 78	追従モード ……………………… 78
自由落下実験 …………………… 99	適応アルゴリズム …………… 176
障害物回避行動 ……………… 135	デッドリコニング …………… 140
衝撃トルク …………………… 118	動的歩行 ………………………… 57
初期角運動量 …………………… 91	トラブルシミュレータ ……… 165
自立型一輪車 …………………… 46	トルク制御 ……………………… 84
尻振り角 ………………………… 99	トルク制御法 …………………… 31
人力増幅器 …………………… 172	
新コロンブスの卵 ……………… 10	**ナ 行**
振動数比 ………………………… 79	内界センサ ……………………… 18
振動ボウルフィーダ ………… 163	なわとび移動 ………………… 130
スカラロボット ………………… 3	なわとびロボット …………… 113
スピン動作 ……………………… 36	軟着地 ………………………… 103
制御アーチ ……………………… 54	二円柱モデル …………………… 91
制御軌道 ………………………… 82	二軸猫ひねりモデル ………… 105
制御用ロータ …………………… 40	二腕付き平行二輪車 …………… 19
制御アーム ……………………… 13	人間が乗るタイプの一輪車 …… 37
制御遅れ時間 …………………… 14	人間装着型ヒューマンアシスト装置 177
生物的実時間画像抽出 ……… 144	猫の尻振り運動 ………………… 92
脊椎円板 ………………………… 95	猫ひねり動作 …………………… 90
接触状態判別 ………………… 135	猫ひねり率 ……………………… 93
絶対位置認識 ………………… 140	猫ひねりロボット ……………… 90
背骨型関節 ……………………… 94	ノンホロノミック ……………… 3
ぜん動運動 ……………………… 71	
走行制御 ………………………… 15	**ハ 行**
ソフトウェア速度曲線 ………… 4	パイロットプラント ………… 165
	発振軌道 ………………………… 83
タ 行	パラメータ補償 ……………… 127
ターンテーブル ………………… 36	パラメータ励振 ………………… 76
対象物抽出法 ………………… 146	パワーアシスト装置 ………… 172
多関節二本足ロボット ……… 108	パワースーツ ………………… 172
竹馬 ……………………………… 57	パンタグラフ機構 …………… 186
樽乗りロボット ………………… 63	半導体レーザアナログセンサ … 150
段差登り ………………………… 72	非安定方向 ……………………… 61
慣性力補償 ……………………… 25	非慣性ひねり …………………… 91
知能ロボット ………………… 161	非駆動関節 ……………………… 8
超高齢社会 …………………… 171	非駆動メカニズム ……………… 75
跳躍移動 ………………………… 28	非自立型一輪車 ………………… 39
跳躍移動ロボット ……………… 72	非接触三次元計測 …………… 149
跳躍機械 ……………………… 113	ヒューマノイド型二腕ロボット … 164
チョコ停ゼロ ………………… 158	ヒューマンフォースセンサ … 180

評価関数 · 182	4節閉リンク機構 · · · · · · · · · · · · · · · · · 38
非発振モード · 78	**ラ 行**
ピッチ角 · 34	リハビリテーション支援ロボット · 175
ファジィ・ゲインスケジュールPD制御49	レートジャイロ · · · · · · · · · · · · · · · · · · 40
復元トルク · 20	励振作用 · 75
ヒューマノイド · · · · · · · · · · · · · · · · · · 31	励振シミュレーション · · · · · · · · · · · · · 81
ブラキエーション · · · · · · · · · · · · · · · · 67	連続なわとび · · · · · · · · · · · · · · · · · · 118
ブランコ · 76	ローダアーム · · · · · · · · · · · · · · · · · · · 75
ブランコの励振作用 · · · · · · · · · · · · · · 80	ロール角 · 34
フリージャイロ · · · · · · · · · · · · · · · · 104	ロボットへの動作教示法 · · · · · · · · · · 132
平均故障時間 · · · · · · · · · · · · · · · · · · · 158	**英 語**
平均修理時間 · · · · · · · · · · · · · · · · · · · 167	CCDカメラ · 140
平行二輪車 · 12	Hopping Machine · · · · · · · · · · · · · · · · 57
部屋番号認識 · · · · · · · · · · · · · · · · · · · 143	MTBF (Mean Time Between Failure)
変形正弦曲線 · 74	· 158
ホッピング動作 · · · · · · · · · · · · · · · · · · 58	MTTR (Mean Time To Repair) · · · · 167
ホバーリング · · · · · · · · · · · · · · · · · · · 103	NC2曲線 · 6
ホロノミック · 7	PD制御 · 25
本体アーチ · 55	PID制御 · 74
マ 行	SIGMAロボット · · · · · · · · · · · · · · · · · · 4
マッキベン式ゴム人工筋 · · · · · · · · · · · 94	SCARAロボット · · · · · · · · · · · · · · · · · · 4
無人生産支援用ロボット · · · · · · · · · 157	Segway · 33
無人生産システム · · · · · · · · · · · · · · · 153	Under-Actuated Manipulator · · · · · · · · 8
メカトロニクス技術 · · · · · · · · · · · · · 153	X射影合成重心 · · · · · · · · · · · · · · · · · · 66
モジュール構造 · · · · · · · · · · · · · · · · · · 27	ZMP (Zero Moment Point) · · · · · · · 58
物まねロボット · · · · · · · · · · · · · · · · · 131	off-line robot · · · · · · · · · · · · · · · · · · · 161
ヤ 行	on-line robot · · · · · · · · · · · · · · · · · · · 160
床運動ロボット · · · · · · · · · · · · · · · · · · 66	virtual fly · 144
ヨー方向 · 40	

―著者略歴―

山藤和男(やまふじ かずお)

- 1973年　東京大学 大学院工学研究科 博士課程修了 工学博士
  山梨大学 工学部 講師，1974年 助教授
- 1984年　電気通信大学 助教授
- 1988年　電気通信大学 教授
- 2001年　電気通信大学 名誉教授，
  佐竹化学機械工業（株）撹拌技術研究所 顧問
  専攻　ロボット工学，知能機械学，生産自動化工学

田中孝之(たなか たかゆき)

- 1996年　電気通信大学 大学院電気通信学研究科 博士前期課程修了，工学修士
  電気通信大学 電気通信学部 助手
- 1999年　電気通信大学 大学院電気通信学研究科 博士（工学）
  専攻　ロボット工学，知能機械学，ヒューマンインタフェース

JCLS 〈㈱日本著作出版権管理システム委託出版物〉

2002
独創的ロボットの研究開発

著者との申し合せにより検印省略

©著作権所有

本体2800円

2002年 6月10日　第1版発行

著作代表者　山藤和男

発行者　株式会社 養賢堂
　　　　代表者 及川 清

印刷者　株式会社 スギタ
　　　　責任者 近藤 譲

発行所　〒113-0033 東京都文京区本郷5丁目30番15号
　　　　株式会社 養賢堂
　　　　TEL 東京(03)3814-0911　振替00120
　　　　FAX 東京(03)3812-2615　7-25700
　　　　URL http://www.yokendo.com/
　　　　ISBN4-8425-0331-9 C3053

PRINTED IN JAPAN　　製本所　板倉製本印刷株式会社

本書の無断複写は、著作権法上での例外を除き、禁じられています。本書は、㈱日本著作出版権管理システム（JCLS）への委託出版物です。本書を複写される場合は、そのつど㈱日本著作出版権管理システム（電話03-3817-5670、FAX03-3815-8199）の許諾を得てください。